假的食物，如此完美

以至于看起来像真的；真的食物

太完美了，看起来又很假

在东京

谁又能说自己

真的懂美食呢?!

谨以此纪念

乔纳森・金（1960—2018）

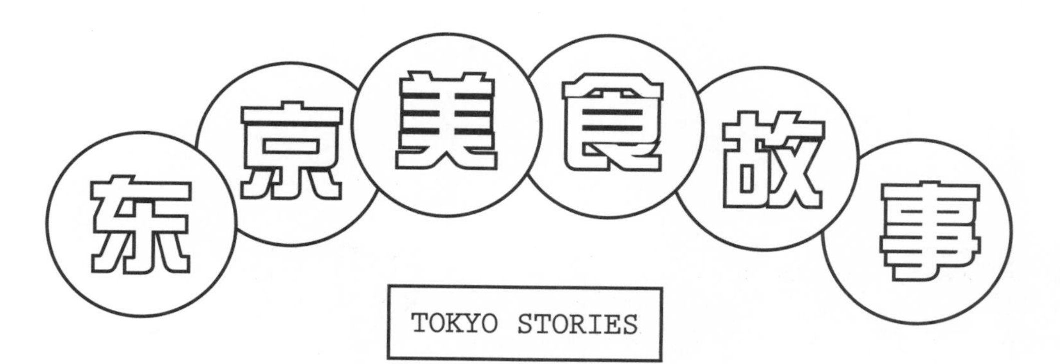

[英] 蒂姆·安德森 著
李祥睿，陈洪华 译
纳西玛·罗塔克 摄影

山ちゃん
幻の手羽先
西武新宿店 4·3·2F
グランプリ

酒場
30円
ラオケ
カラ
第1モナミビル
dines
5F
2F
焼肉
8
ペッパーランチ
炭火焼肉酒
B1F
TAX FREE
免税
면세
SHELLBIRD
2F
2ND HAND LUXURY BRAND SHOP
USD
CNY
EUR
GBP
KRW
HKD
MEX
外貨両替
Money EXchange
高価買取
EAST PLAZA
EAST PLAZA
BRANDFIRST
居酒
営業中
3F
TEL.
YAKIYAKI
焼き
焼き
天龍

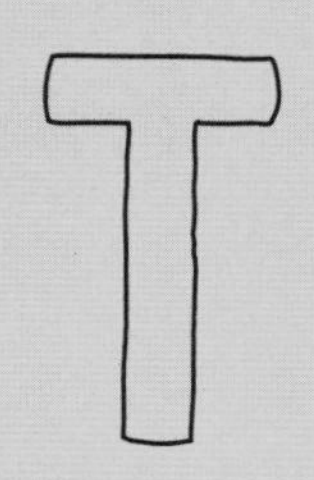

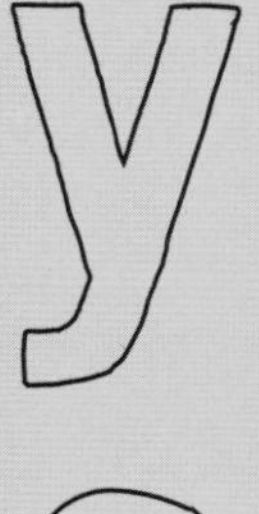

引　言

只是没有一个地方比得上它

你听说过巴黎综合症吗？巴黎综合症是一种暂时的精神状态，当强烈的失望和极端的文化冲击在香榭丽舍大道上碰撞时，你就会产生这种症状。当你第一次来到巴黎的时候，你会发现自己的情绪非常低落，远远低于你的期望。严重的巴黎综合症会导致焦虑、偏执、心动过速、呕吐、产生幻觉甚至死亡。等等，不，不是死亡。但还是想描述一下这种窒息的感觉。这是真的，而且很疯狂。我爱巴黎，但我完全明白这是怎么回事。我的意思是，你能想象期待——非常期待——一个闪亮的浪漫童话仙境，就像红磨坊里的东西，或者是一个美国人在巴黎却发现肮脏的街道上充斥着愤世嫉俗的旅游陷阱和二手烟吗？这些无不使人沮丧。

很难想象
这件事发生在东京

没有所谓的“东京综合症”，如果有的话，那可能恰好是一些很棒的东西，比如一次神奇的迷幻之旅，没有模糊的后遗症。事实上，如果东京综合症真的存在，它可能与巴黎综合症相反。东京是一个令人印象深刻的城市，你甚至不知该如何面对，尤其是在你第一次访问时。也许你去过伦敦和纽约，你觉得它们很大，很漂亮。但与东京相比，它们不是！它们就像是古雅的乡间村落。但这不仅仅是因为东京很大，也因为东京很疯狂。没有任何一个城市如此这般——如此五彩缤纷、快节奏、拥挤和密集——如此令人眩晕，处处都有令人愉悦的惊喜（除

了拉斯维加斯，但拉斯维加斯可不“是”一本很好的食谱）。

不管你期望的东京是多么神奇和疯狂，你都不太可能会失望。恰恰相反，你可能会怀揣五星级城市的预期踏上东京旅途，但实际上还超你的预期！了不起的城市！

还有食物。天哪，食物！

许多日本人和爱争论的、喜欢日本的书呆子（别这样看我）会告诉你，东京没有日本最好的食物。嘿，他们可能是对的。但即使是这样，东京的食物还是那么好，我实在想不出有人会对那里失望。这包括那些甚至不喜欢日本食物的人，因为这并不是东京所能提供的全部——这里还有世界上最好的意大利比萨、韩国烤肉、夏威夷煎饼和奥地利糕点，这也是我简单列举的几个例子。

对于一个移民人口（不开玩笑）少于0.2%的城市来说，东京在美食方面是一个非常国际化的城市。这是我永远不会完全理解的，但如果我不得不猜测的话，我会说这是因为东京人生活在一种富有前瞻性思维创新的文化中，加上他们有对工艺和细节关注的持久传统。这种组合产生了一些地球上最有趣和美味的食物，无论是拉面、比萨还是软冰激凌。

在大多数城市，像便利店和自动售货机这样的低档食品商店，都不是你有预期能找到好的食物甚至是可以接受的食物的地方。但到了东京不久，你就会发现并非如此。自动售货机出售各种各样的益气茶、新鲜日式高汤、香酥鸡、劲道的“烧酎嗨棒”饮料和装在小罐子里的美味热汤（冬天很暖和）。还有无处不在的康比尼（日本的便利店），当你需要一把伞，一罐氧气（真的）或者一顿美味廉价的午餐时，它总是在附近营业。老实说，便利店可能是我最想念的日本东西。

在东京，你甚至不用“试雷”就可以吃得惊人的好。你可以去地铁站的售货亭和快餐店。但是再深入一点，东京无与伦比的美味就真正开始展现了。跟着你的鼻子找到甜蜜的烟熏日式串烧、美味的黄油糕点、舒适的咖喱，或者是以液体

黄金——猪油闻名的东京拉面。了解日本便当盒中的各种日本迷你大餐，小巧整洁，可以提供一系列令人惊叹的新口味。如果你觉得手头宽裕，可以去东京的一些美食中寻找，它们代表了最好中的最好——无论是寿司、北京烤鸭还是法国高级烹饪。东京拥有一切。

但当然，这里有着美味的食物、明亮的灯光和高耸的塔楼，人们很容易忽视这样一个事实：对数百万人来说，东京只是家；对游客来说，东京是一个游乐园；对居民来说，东京是一个日常生活的地方。东京是一个人们真正生活的地方，有时在郊区，有时却正好在那里。而东京的家庭厨房则是躲避人群和喧嚣的地方，那里的烹饪往往简单而舒适，但仍然受到东京无可挑剔的农产品和不断变化的国际潮流的影响。如果你住在东京，你可能不得不在一个小厨房里做饭，但你也可以得到一些世界上最令人兴奋的食材。

当然，这是一本食谱，但也可以作为东京之行的参考指南。有些菜谱直接受到东京特定餐厅的启发，非常值得一看。其他的菜肴并不是基于任何特定的地方，但我已经有了一个推荐在哪里寻找美食的优秀版本。这些只是我的建议。去东京之前一定要做自己的调查，特别要注意营业时间——餐馆通常在一周中的某一天关门休息，所以提前查一下这些，这样你就不会跋涉穿过城镇，只为了到达一家关门的餐馆！希望你会发现第244页的词汇表也很有用，不管你是在做饭还是旅行。

我去过东京八次，我从来没有厌倦过它——它总是，总是有一些新的东西等待着让我惊喜和高兴。世界上很少有城市能像这样充满活力、令人兴奋、值得探索，我无法想象将来的这样一个时刻，我会觉得没有必要回来。

事实上，你下周要做什么?

我有空！
而且机票很便宜！

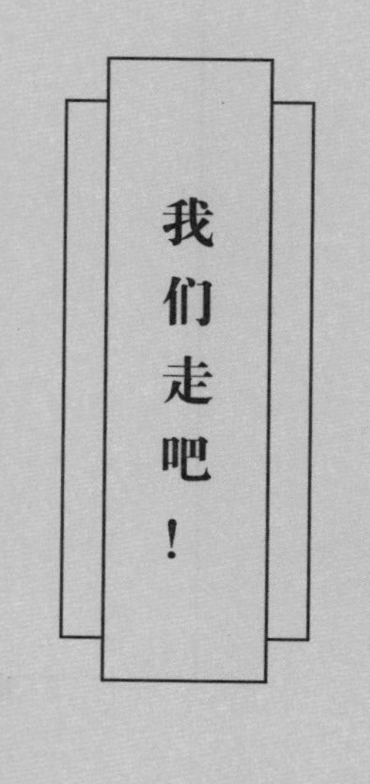

东京之行中的典型一天

这是一个从比你的车更复杂巧妙的厕所开始的新一天。(¥)

一种黏乎乎的臭豆豉（纳豆）作早餐。(¥)

在新宿车站迷宫般的障碍道上迷路。(¥)

在皇宫闲逛花园。(¥)

在机器人/女佣/管家/猫/猫头鹰/凯蒂猫咖啡厅享用午餐。(¥)

在秋叶原的一个多层拱廊上花费一个小时（加上几千日元）。(¥)

朝着那仲见世街（Nakamise-Dori）一带的观光客发呆。(¥)

买一些漂亮的手工雕刻筷子和一瓶弹珠汽水。(¥)

以一杯“你能喝的就喝”的拉戈啤酒开始今晚的活动。(¥)

去一个居酒屋吃所有的食物。(¥)

喝烧酒。交朋友。唱卡拉OK。(¥)

不小心再来多一点烧酒。(¥)

吃一点便利店的火腿三明治。(¥)

再一次和精妙的厕所相遇！(¥)

晚安时间。(¥)

在您开始浏览之前：

读读这个！

章节说明

它不是以传统早餐、午餐和晚餐的就餐顺序组织这本食谱，而是从一开始设计引导你游览东京美食的各个层面（实际上，从地下到地上）。如果你对日本料理还不熟悉，那就从阅读第14页“B2F”（地下商场）一章中的基本食材开始，该章以百货公司地下室的食品大厅为基础进行介绍。接下来，我们将进入“B1F”，即街道一级，在那里我们可以参观地铁站的报刊亭、便利店和自动售货机等最受欢迎的地方。“1F”提供东京传统的菜谱——比如荞麦面、拉面和寿司。上电梯到“2F”，我们就可以享用日本的地方美食，包括来自北海道、冲绳、大阪等地的菜肴。受外国影响的食物对东京的美食有着巨大的影响力，所以“3F”是对所有这些疯狂美味的混合食品的展示：夏威夷波奇饭、比萨、意大利面和朝鲜包，都有明显的日本特色。由于许多东京人都住在公寓里，“4F”专门提供最好的家常菜，包括便当、早餐、炒菜和任何可以在小厨房里烹调的东西。最后，我们在遍布屋顶酒吧的“5F”，享受现代东京融合食品，喝几杯鸡尾酒来结束这一切。

你喜欢用它做什么就用它做什么——大多数菜都可以单独撑起一餐，但有些菜比较少，所以最好和其他菜一起吃，或者搭配一碗米饭和味噌汤。你可以从第30页的东京街上找到的简单食谱开始，或者从第180页的东京家里开始，或者直接切入最深处，一切都是可以实现的！

食谱说明

遵循一套衡量标准

1茶匙=5毫升

1汤匙=15毫升

1杯=250毫升

使用新鲜的成分，包括香草

如有必要，准备时清洗食材

使用普通细盐，除非指定了海盐片

用你喜欢的任何一种黄油

所有的食谱都用日本米饭

除非另有说明，否则使用中等大小的鸡蛋

关于油炸的说明

油炸时，用一个很大的深锅。油的表面应至少低于油锅边缘10厘米，以避免溢出。

使用具有高烟点的中性油，如花生油、葵花籽油或菜籽油，并使用探针温度计检查油温，这些温度计可在网上或在厨房用品商店购买。

DEPA

B
2

地下

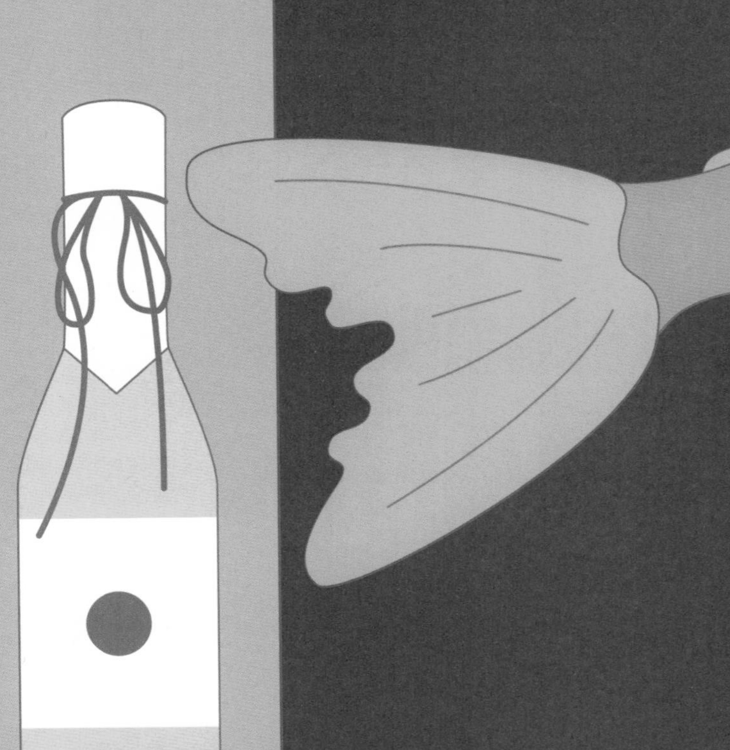

三文鱼

CHIKA

商场

F

清酒

B2F

地下商场

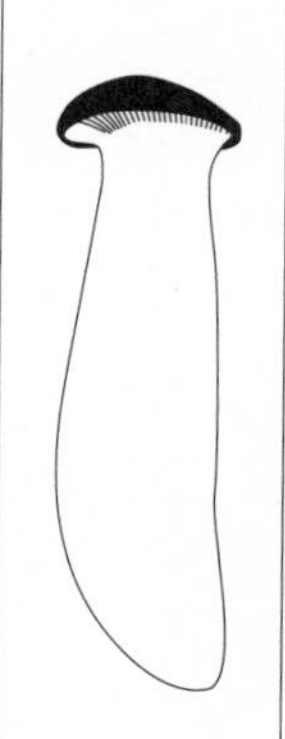

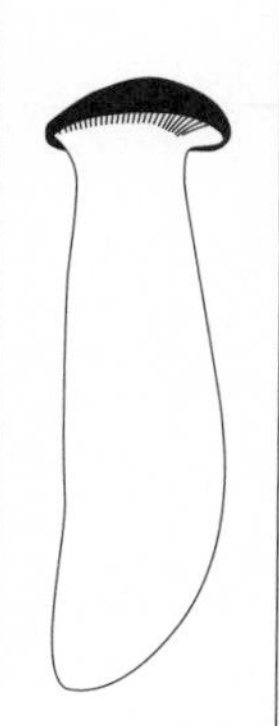

日本食材指南

如果你只有一两天的时间在东京度过，并且你正在寻找一种有效地融入东京饮食文化的好方法，那么东京众多的百货商场地下美食区将是一个极好的去处。有时，百货商场地下层只不过是一家非常不错的超市，但更多的时候，它们是一个宽敞的拱顶，里面摆满了高度专业化的食品和饮料，其中包括精美的面包和意大利薄饼、精致的奶酪、新鲜制作的寿司、各种各样的清酒和葡萄酒、各种便当、高级调味品、赏心悦目的传统甜点，当然，还有一些地球上最新鲜华丽的农产品，包括世界著名的甜瓜和芒果，作为礼物出售，一个能卖到1万多日元。

DEPACHIKA

DEPACHIKA

我经常花几个小时研究百货商场地下层——每当我去东京旅行时，我总是随身带着一个空手提箱，准备带回家的东西，在去了几次这里之后，这个手提箱必然会爆满（顺便说一句，你带回家的东西有一些限制，所以在购物前去当地的海关核查一下）。百货商场地下层充满了迷人的食物，几乎就像食品博物馆一样，相当壮观，很有艺术感染力，同时也是一个让你了解东京（和日本）美食多样性的好地方——从一些基础知识开始。

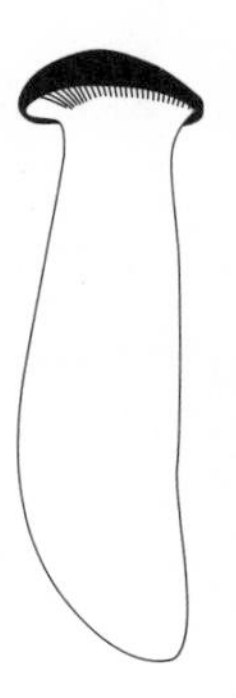

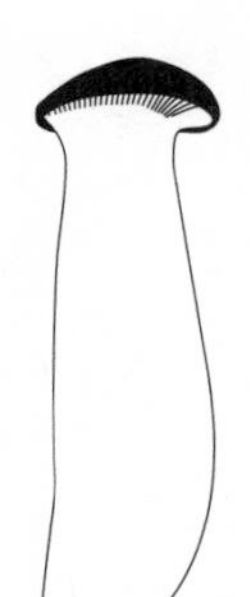

味噌

味噌是我一直以来最喜欢的口味之一——咸、甜、香和鲜美的组合，有着复杂的果香和清淡的味道，像新鲜的奶酪，或者像香脂醋一样自信而丰富。它称得上最好的烹饪秘器——如同武器中的大炮级别，仿佛给你致命一击，让你体会更多的味道——不只是在日本。但是，当然，它是许多传统和现代日本菜肴的关键组成部分，它的时髦发酵香气（日本本土真菌、酒曲霉菌制品的特点）无疑是日本风味。从基本的白味噌和基本的红味噌开始，熟悉它们的味道，然后探索味噌银河系般的外部极限，把你的烹饪带入新的口味领域。

酱油

酱油是与日本料理最相关的一种调味品，我认为酱油是使其如此受欢迎的调味品之一。酱油混合了咸麦芽酒、牛肉汁、浓浓的甘鲜味和轻微的气味，这是很容易让人喜爱（你有没有听过有人说酱油是他们的后天口味？）而且很容易烹调的味道。在百货商场地下层德帕奇卡或任何一家日本超市里，你都会发现几十种不同的酱油，从浓稠肥美的酱油到清淡的小麦酿造的松羽四郎（一种“白色”酱油），还有一些晦涩难懂的酱油，如未经消毒的“生”酱油，或是用海菜或海生动物酿造的酱油，有点像鱼露，以增加深度和鲜味。但你应该从小久池酱油开始，其实它的意思是“口味丰富”，但它是最基本的品种，在大多数菜肴中作为调味品使用。买一种优质酱油，只用小麦、大豆、盐和水做的，确保你买一个日本产的。如果你喜欢的话，你还可以买一种生抽（淡）酱油，生抽适合想要清淡味道的人，特别是对豆腐、日式高汤或肉汤等调味时，更能体现它们的本味，而且也适合对味道温和的白鱼调味。

腌渍物

当你徘徊在百货商场地下食品大厅的时候，日本泡菜等腌渍物，也可能吸引你的眼睛和你的鼻子。各种美味的植物都以各种方式保存着，比如埋在米糠里的大白萝卜（大康），用糖醋糖浆烹制的一种混合根茎蔬菜（103页），辛辣的咸绿芥菜，酸辣李子，或是简单腌制到酸甜爽口的黄瓜。这些渍物通常被放在大箱子或桶里的腌制介质中，如果不是因为味道（从轻微的醋味到充满泥土味）的话，它看起来就像是一家蔬菜糖果店，到处都是充满活力的粉红色、紫色、绿色和黄色，其中腌渍的茄子甚至可以呈现淡雅的蓝色。日本泡菜的味道和质地与外观一样广泛，很容易在一餐中引入明显的日本风味——其中一些泡菜配上几碗味噌汤和米饭，再配上简单煮熟的蛋白质食材或蔬菜，就是典型的日本晚餐安排。

清酒

清酒通常被称为黄酒，但它的制作方法更像是酿造啤酒——谷物中的淀粉（在本例中是大米）被转化成糖（由我们的老朋友酒曲霉—第23页），然后煮沸、冷却、接种酵母并发酵成酒精。但至少在某种意义上，它类似葡萄酒，清酒的酒精强度通常是在14%～16%，而不是许多人都这么认为精神强度的。这是一种值得关注的饮料，其中有很多原因，但它的鲜味成分功不可没，事实上，清酒被标上了氨基酸的成分，这意味着它是多么美味。这也使得它很好喝，当然，也能很好地用于烹调，它可以添加一个强大而微妙的味道，即使在少量的菜肴中也可加深滋味。我有时形容清酒在烹饪中有点像没有盐的酱油，这可能让你感到迷惑，但它能传递出同样的麦芽味，丰富，略带泥土味，同时还有一点甜味和酸味。

清酒的种类是如此丰富，但也不用费心用太好的清酒来煮——你想要的是一种又好又便宜的普通清酒——它应该是可以喝的，但仅此而已。还有烹调用的清酒——厨房用料酒，它通常是由蒸馏酒精和发酵的大米调味料与其他添加剂组合而成。当然这些清酒不适合饮用，但是大部分都很适合烹饪——只是要小心烹调加了盐的清酒，因为它会让你的调味料无法预料地流失。

橋

物向け
300g
300g
ビニールパック
500g
500g
ビニールパック
1kg

関係者以外
立入禁止
DO NOT ENTER
PERSONS ONLY

ドンキロープライス保証商品
圧倒
他店圧倒！地域最安値に挑戦！
自信を持っておすすめします！
めんつゆ　ペット
52%OFF
¥198+税
248+税
いつもの料理がランクアップ！
ヤマキ
割烹
白だし
鰹節屋のだし
500ml
mizkan
追いがつおつゆ
香り高く
深みのあるコク
密封
eco
ボトル
いつでも新鮮。
キッコーマン
超特選
極旨
ごくうま
しょうゆ
450ml
開けて90日間 鮮度を保つ
開栓後常温保存
驚安の殿堂
500ML
198+税
ヤマキ
割烹白だし
26%OFF
278+税
超特選規格の豊かな火入れしょうゆ
キッコーマン
450ml
いつでも新鮮　超特選　極旨しょうゆ
¥288+税
アサムラサキ
広島産
MADE in JAPAN
good!
コクと旨み
しっかり
いつでも新鮮。
キッコーマン
味わいリッチ
減塩
しょうゆ
450ml
開けて90日間 鮮度を保つ
酸化を防ぐ
やわらか
密封ボトル
いつでも新鮮
ほのかな
甘み
国産原料
仕込み
生
しぼりたて
本醸造
しょうゆ
上品な旨み
まろやかな味わい
特選
丸大豆

味醂

味醂是一种高甜度的清酒，具有类似的麦芽米风味，有额外的糖和黏度。最优质的被称为甜米醋（真正的味醂），它是纯米通过酿造而成，制作过程中没有任何添加和替代。甜米醋真的非常美味，尤其是用糙米做的甜米醋有点坚果味和焦糖味。但对于大多数日常烹饪来说，你可以使用不太好但便宜得多的“味醂风格”调味品，仍然是由发酵大米制成，可能很少或没有酒精，并用香料和糖浆填充混合而成。当然，它没有真正的甜米醋好，但在许多食谱中，味醂主要是为了赋予甜味，所以味醂风格的调味料也是好的。

米醋

就像清酒和味醂一样，米醋也有很多等级和风味。最上等的米醋是由发酸的发酵米饭制成的，同样也可以由糙米制成，或者经过陈酿制成非常美味的醋。但很多米醋都是部分或全部用蒸馏醋制成，再加入米香酒曲。而且说实话，这些东西大部分都很好——它仍然没有蒸馏葡萄的酸味或一些精米那样的刺鼻酸度，所以像酱油一样，只要确保你拥有一种日本的米醋即可；清酒的道理也一样，但要注意一些便宜的米醋中含有盐分。

日式高汤与酱汁

日式高汤是将海带（褐藻类）和日本木鱼（腌制的熏金枪鱼鱼片）放入温水中制成的肉汤。它为日本料理提供了两种主要的日本风味基础之一（另一种是酒曲）。它的重量轻，但肉质紧实，烟熏味、鱼腥味和咸味，再以微妙的方式，发挥出良好的其他味道。日式高汤可以很容易地从零开始制作（184页），但更容易而且更常见的则是由粉末或浓缩物制成。日式高汤粉是一种令人惊讶的精制食品，有一种完全的、令人满意的、非常“正宗”的味道，不像西方的同类产品底汤块。对大多数家庭厨师来说，日式高汤粉是一种储藏柜的主食——当然，日式高汤粉是制作日式高汤的好材料，也是一种奇妙的调味品，这是我从岳母那里学到的一个诀窍。在你的米饭里撒上一些，或者放一些在意大利面酱里，这会增加一种像凤尾鱼一样美妙的丰富味道，但是没有那么多盐分。

类似的便利产品有瓶装液体高汤、高汤浓缩液或酱汁。这些通常是自然酿制的，味道更像“真正的”日式高汤——我想是因为它们就是！酱汁是一种日式高汤，它已经被浓缩并用酱油、清酒、味醂或糖等调味品调味过，所以可以蘸一蘸，也可以用水稀释，制成肉汤或其他菜肴的底料。酱汁真的很好吃，有一种协同的鲜美口感，由海带、日本木鱼和酱油组合而成。

酒曲

酒曲是日本俗语，意为米曲霉（*Aspergillus oryzae*），是一种霉菌，常用于酱油、味噌、清酒、米醋和其他几十种日本必需品的生产中，用来糖化、发酵谷物和豆类。当它发酵时，留下一种独特的泥土果香，被认为是日本风味的基础之一（与日式高汤一起），在日本传统美食中，它是如此重要，因此被命名为日本的“民族真菌”。

面条

面条在日本有很多种形式：即食的、干的、新鲜的或冷冻的。有些面条，像荞麦面或素面，干燥状态下都是很好的，并且实际上很少新鲜出售；如果它们是新鲜或冷冻状态的，其他方面真的也很好。尤其是拉面和乌冬面，我觉得只有新鲜的时候才值得吃，因为它们干了之后会失去很多口感。不过，我要说的是，方便面通常出人意料地好，因为用来加工方便面的油炸方法似乎能更好地保留方便面的质地。

柑橘类水果

在日本有一些我感觉足够神奇的水果，但我依然会直接去百货商场地下食品超市的柑橘区。它们中的一些品种只是非常适合自己吃，比如超级甜的凸椪橘子，或者叫作碰柑的蜜柚杂交品种，但其他的则是非常适合烹饪的。日本蜜柚有着无与伦比的常绿/柠檬酸橙的香味，非常经典，但也要注意像酸橙一样的品种（比如德岛酸橘或臭橙），它们的威力足以决定一碗汤的味道，或者只用一小片就能改变一块寿司的味道。

鱼

想要美味的生鱼片，但是钱不够？从百货商场地下食品超市买些鱼。你可以得到一些质量非常好的、干净整洁的、做过很好修剪和包装的海鲜，所以你所要做的就是把它带回家，切片和装饰它。它仍然不是超级便宜，但这是最经济的方法，满足你做生鱼片的愿望。

蘑菇

蘑菇在日本料理中也非常重要，尤其是香菇，它们的肉味和质地都非常好。还有细长的金针菇、羽毛状的舞菇、多汁的杏鲍菇、可爱的小姬菇，还有松茸等珍稀品种，它们以浓烈的木香而备受推崇，每千克售价高达10万元人民币，日本蘑菇一般都很有味道，仅仅用海盐烧烤、天妇罗油炸，或者也许是泡在火锅里炖。它们也很适合做炒菜、汤和米饭。

根茎类蔬菜

众所周知，日本料理是重素的。特别是与印度烹饪相比，我不知道它是否真的值得这样的名声，但事实上，日本料理传统的特点的确是用无趣的蔬菜制作美味菜肴的方法数不胜数。尤其是块根蔬菜，如大头菜、萝卜、芋头、牛蒡和胡萝卜，在日本料理中似乎出现得很多，我认为因为它们像海绵一样吸收美味。在美味的高汤或甜酱油中烹制的一块萝卜，会彻底吸收这种味道，在牙齿之间碾碎时，像溃堤的水坝一样释放到味蕾上。他们也用萝卜做美味的脆泡菜。

海藻

日本多山的地形使得农业发展很困难，但幸运的是，日本人一直充分利用这个群岛周围丰富的海洋蔬菜。日本料理最常用的海藻有海带、紫菜和裙带菜。海带是一种干制的海洋蔬菜，常用来做鱼汤，也可以煮熟后食用，直到变软。紫菜是成片出售的，用来包寿司，或者用绿色的薄片作为芳香可口的装饰品。裙带菜最著名的是用它制作的味噌汤和沙拉，口感柔和，富含铁质。从这些开始，看看你还能找到什么——海里绿色蔬菜中可以发现的令人惊异的味道。

非日本的食材

到目前为止，日本料理已经吸收了来自世界各地的大量食材，我认为在典型的日本食品中加入一些非日本食材是合理的。例如，百货商场地下食品超市总会有一个好的面包房，他们会有一系列相当好的欧洲奶酪，精选的香草和香料，当然，还有来自日本邻国的各种关键配料，如四川辣椒豆瓣酱、泰式鱼露或韩国泡菜。如果你打算做传统的日本料理，你不会真的需要它们——但是在东京没有多少人真的这么做，你也不应该这么做！

大宮敏充
(デン助)

日本大米

通常，没有米饭的一顿日本餐是不完整的。而且，即使你只是中途经过东京，你也可能会吃一些米饭。日本航空公司通常将其作为机上餐食的一部分，而饭团——调味过的饭团——则是你能在东京成田机场航站楼吃到的为数不多的几种小吃之一。你可以在日本各个级别的餐厅、便利店、食堂、报摊，以及咖喱屋、家庭厨房、居酒屋，当然还有寿司吧里找到它。甚至面馆也经常提供米饭作为配菜，以防面条本身不能被完全切割。这似乎有点侮辱面条，但当然，它们永远只是日本碳水化合物皇帝宝座上的伪装者。

所以，如果你要在家里做日本料理，你就得做日本米饭。这并不难，但也不像把它和水一起扔进锅里煮那么简单。日本的米饭是通过吸收的方式烹饪的，这意味着你需要做得更精确一些，首先你需要一个有合适盖子的平底锅，其次你需要一个可靠的、可调节的热源。

我总是用重量来衡量大米，这比用体积来衡量更容易也更准确；你可以简单地把所有的东西称出来放到你正在烹饪的锅里，而不是用杯子或壶。米与水以重量计的比例为1：1.3（如以体积计，大约相等于1：1.1），因此，举例来说：

300克米
（足够4人份）
你需要390克
不超过2杯水

一次不要煮少于150克，因为它实在是太少了——水分蒸发得太快，大部分米饭最终会粘在锅底。

在开始做饭之前，你需要淘米。称出大米的重量，然后在平底锅里倒满水，用手揉搓米粒。把水倒掉，重复3～4次直到水变清。我用来判断水是否足够清澈的一个很好的经验法则就是：当它被大约2厘米水覆盖的时候，能看到单个的米粒而不是模糊的白云。用筛子将大米滤干，然后将大米放回锅中，用量好的水覆盖。浸泡至少30分钟，如果你有时间，浸泡1小时，然后温和地煮沸。在平底锅上盖上盖子，把火调低，设定15分钟的计时器。当时间到了，关火，然后让米饭闷一会儿，盖上盖子，至少5分钟，然后打开盖子享用。

认真对待蜡样芽孢杆菌——但不要过于害怕剩饭

我听到很多人说他们一直被教导说永远不要再加热米饭。我不知道这种广泛存在的误解从何而来，但这不是真的。重新加热大米并不是问题，因为它储存的温度不对。你看，有一种叫作蜡样芽孢杆菌的讨厌的细菌，有时存在于稻谷中，它形成保护性的内生孢子，可以在烹饪过程中存活下来，然后在10～50℃的温度下发芽。所以米饭在电饭锅中保持滚烫就可以了，快速冷却的米饭也可以。但是如果大米在室温下停留时间过长，就会产生蜡样芽孢生长和产生毒素的风险，而这两种都不会通过进一步烹饪而消除。所以不是重新加热，而是冷却。如果你的米饭迅速冷却下来（在2小时内），无论是直接吃或重新加热，它都将是绝对没问题的。要做到这一点，只需要将米饭放在浅的容器中，不要堆得太深——如果你的冰箱里恰好有空间，冷却半小时即可，或者不超过1小时。

把日本米饭放在冰箱里放软：基本解决方案

当然，如果你能即吃即煮米饭，这当然是一种很好的米饭烹饪方法——但是就像你已经知道的那样，米饭在冰箱里很容易变硬变干。这种干燥易碎的米饭非常适合做炒饭，它可以很好地冷冻（特别是如果你把它分别包起来的话就更方便了），而且可以很容易地用微波炉加热使它重新焕发生机。但是如果你想把米饭放在便当里或者做成饭团，而饭团必须冷藏且不能再加热，那又该怎么办呢?

这就是你需要改变大米的化学结构的地方——它并不像听起来的那么复杂，也不像听起来的那么可怕。我不太了解其中原因，只是知道大米变硬是因为其淀粉在烹饪和冷却过程中的表现，所以让米饭在冰箱中保持柔软的方法就是搅乱这些淀粉。在日本的商业厨房里，他们使用一种特殊的混合酶来做这道工序，虽然你可以在英国买到，但是很难找到，而且非常昂贵；你必须大量购买，所以这道工序不值得，除非你打算做很多饭团。但是我发现了一个在家做软冷米饭的临时方法：用碳酸氢钠（小苏打）溶液浸泡米饭。

喜欢吃拉面和椒盐脆饼的人可能已经知道碱性对淀粉有奇怪的作用——使一些淀粉变得更嫩，另一些更有弹性，同时加快了淀粉的褐变。我读过关于用碱性溶液处理大米以改善其质地的文章，虽然我不认为它对热的、新鲜的大米有效，但它对冷的大米有绝对的魅力。正如我所说的，我真的不明白为什么——但效果确实如此。对我来说，这个结果看起来就像米饭新鲜的时候太软了，但是冷却之后不知怎么地就收紧了，变成了完美的口感。说实话，我对这种方法的效果感到惊讶。

这是300克大米的配方

3～4便当或5～6饭团

300克日本米

3克（1/2茶匙）碳酸氢钠（小苏打）

300毫升水，再加390毫升

方法

把大米、碳酸氢钠和300毫升的水混合在一个平底锅里搅拌，使碳酸氢钠溶解。浸泡半小时后，米洗干净，将水倒掉。用390毫升的水把米饭盖上，煮沸，然后盖上锅盖，把火调低。煮13分钟（碳酸氢钠会让米饭更快地吸收水分），然后立即打开盖子；米饭应该看起来煮过头了，所以如果它看起来像糊状或者不对劲，不要惊慌，把米饭倒在托盘或盘子里冷却。当米饭达到室温时，用筷子将谷物搅碎，放入冰箱，直到完全冷却，然后盖上盖子，在4天内食用。

需要注意的是，这种方法会把米饭变成淡黄色，虽然很奇怪但是无害，而且可能还有一种淡淡的肥皂味——但是如果和你通常在便当或者饭团中找到的味道浓烈的食材搭配在一起，这种味道就不那么明显了。直接从冰箱里拿出来的米饭会柔软而美味，而如果你给它30～60分钟达到室温会更好一点。

商標
岩手
奥の松
清酒
人氣一
男
七賢
純米酒
日本百名水
飛騨の酒
一本義
菊花
出雲

TOKYO

B1

东京

桃子

STREET

街头

F

桃太郎

FALSE PARADISE
GALLO
JS ONE
ZEMOK
RUNS
CONART
BLOODBATH KILLS
EPIDEMIC
Almighty
DART 24K
ONE
AMOEI
BLUE ONER
OKOKOK
DESTROY WAS HERE
UNPROP
HELLO
KUETE DEONS
145 ST.
DWNTWN
BKLYN &
QNS EXP
JAY STAR
GREENER PASTURES
PHLEM SWUPE
OYE RUNS
illeffects

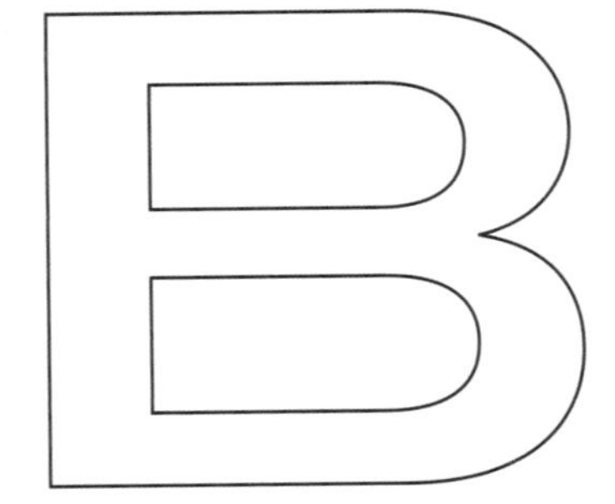
B

1

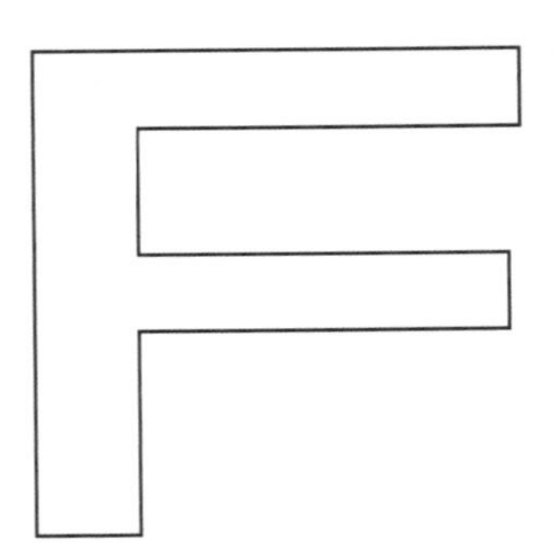
F

东京街头

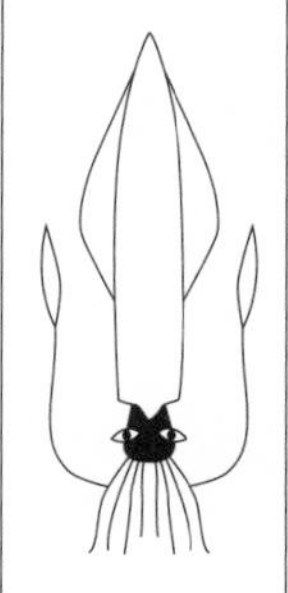
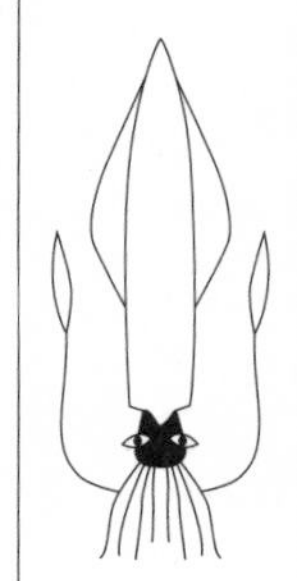

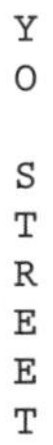
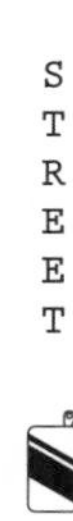

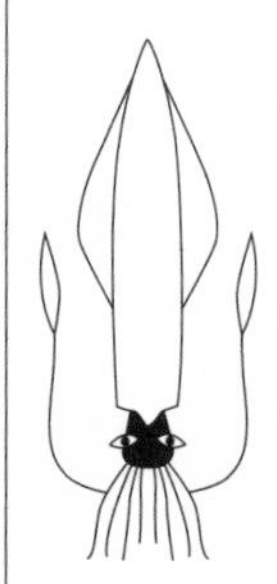

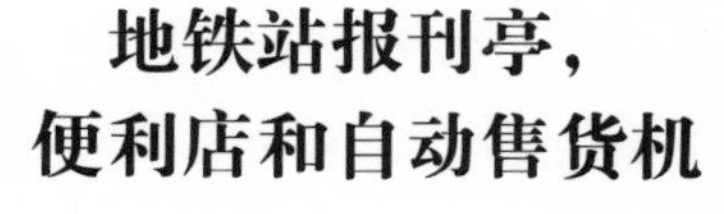

地铁站报刊亭，便利店和自动售货机

东京充满了令人惊奇和印象深刻的东西，但是与同样巨大、压力重重的城市相比，这些小东西让日常生活变得如此可以忍受。例如，我在东京最喜欢的一个细节就是火车门关闭时播放的悦耳旋律（这比你在伦敦地铁上听到的完全不必要的喇叭声要好得多）。还有方便食品——零食、糖果或全餐，你可以从自动售货机、7-11便利店或设在车站或街道上的小摊上购买。在大多数国家，这种随手可得的食物对普通人来说如同鸡肋，但在日本，这种食物确实很好吃。这是因为物流系统允许全天多次运送新鲜食品，也是因为国家的风气，既注重细节，同时热衷于采用尖端食品技术。

说真的，你可以在东京吃得很好，即使你只是在罗森（*Lawsons*），家庭超市（*Family Marts*）和小站（*Mini Stops*）吃过。当然，你可能会错过一些东西，但我也认为，如果你不吃便利店的食物，至少有些时候你就会错过一些东西。因为它们真是太棒了！

玉米浓汤

在日本，自动售货机最大的优点之一就是，它既可以出售冷饮，也可以出售热饮——当然是茶和咖啡，还可以出售奶油汤，尤其是无处不在的玉米浓汤。简单而甜蜜，这种冬季主食装在一个热钢罐里，在温暖你的消化道之前温暖你的双手。在一个寒冷、细雨蒙蒙的日子（这在东京很常见），除了这个，我几乎什么都不想喝。

4人份

25克黄油
¼洋葱，细切成粒
少量盐
少许胡椒粉（最好是白胡椒粉）
360～400克奶油玉米罐头
200毫升牛奶
200毫升单（轻）奶油
150～200克甜玉米罐头，沥干，
或者一个新鲜玉米穗上的玉米粒
少量味精或鸡汤粉（可选）

方法

在深平底锅里融化黄油，加入洋葱，盐和胡椒粉。用中小火慢慢煮，直到洋葱变软并呈半透明状（尽量不要让它们变得太褐）。加入奶油玉米粒、牛奶及奶油，煮滚后再炖5分钟。直到在一个搅拌机内或使用手持搅拌机搅打至非常平滑。倒回平底锅，可根据需要加入玉米和味精或鸡汤粉。烧开后，尝尝味道，根据需要调味。用马克杯或水杯盛汤，这样当你喝汤的时候，你可以感受到汤在你手中的温暖。

濃厚
とろ~り

午後の紅茶
ミルクティー
MILK TEA
Relax
人工甘味料 不使用

午后红茶

“自从19世纪中叶贝德福德公爵夫人第一次开始喝下午茶以来，英国人就一直在喝下午茶。”

这是对“Gogo no Kocha”（“下午茶”）瓶身上标签的注释，这是日本最普遍的红茶品牌之一。当我第一次看到这些东西时，我觉得这些东西很奇怪，原因有很多，主要是因为我以前从来没有喝过奶茶（那是在我搬到英国之前的五年左右），还因为我认为标签上描绘的英国贵族女性是伊丽莎白女王，这可能是对她肖像的大胆而非法的使用。当然，我现在意识到那一定是贝德福德公爵夫人，我想我们应该感谢她为我们准备了这种可爱的高甜度奶茶。对我来说，它实际上属于过于浓郁的日常饮品——我倾向于更清爽的瓶装绿茶——但它总是一个可爱的下午乐趣，几乎像一个茶味奶昔。这是因为我相信它是直接将茶注入牛奶中而不是在用水冲泡的茶中加入一点牛奶——所以它超级奶白，味道浓郁。

制作1升奶茶

1升全脂牛奶

4个红茶包

4~6汤匙（精）白砂糖

方法

将250毫升的牛奶与茶包和糖一起放在平底锅里。慢火煮沸，搅拌至糖溶解，然后关火，加入剩余的牛奶。转移到冰箱中，静置2小时。把茶包拿走。在冰箱中冷藏放置3天后即可食用。

烘烤谷物茶

大麦茶

日本的自动售货机里装满了美味的茶叶，在特殊的保温瓶里，总是可以买到冷的，有时也可以买到热的。其中大多数都是各种各样的绿茶，但我最喜欢的一些是基于丰盛的烤谷物的饮品，如大麦、荞麦、糙米或“约伯的眼泪”——一种具有浓郁坚果味道的小米。它们仍然非常提神，而且它们不含咖啡因——这很好，在日本，我对咖啡因上瘾，只是因为我没有注意到自己消耗了多少咖啡因。每时每刻都有美味的瓶装茶和咖啡，这很容易让人过火。

为了在家里重现自动售货机的便利性，我只需要简单地将它们煮出一大批，装入瓶中，放在冰箱里，以备我需要健康饮料时使用。

制作大约2升的茶

25克珍珠大麦

50克其他全谷物（我喜欢荞麦和斯佩尔特小麦的混合物，其他选择是糙米、法老小麦或黑麦）

2升水

方法

把谷物放入干燥的煎锅（长柄平底煎锅），中火加热。把谷物炒熟，持续搅拌，直到它们变成深棕色，闻起来有浓郁烤面包味（把它们拿到很远的地方，直到它们开始有烧焦的味道）。从平底锅中取出，冷却。保存在一个密封的容器，直到准备使用。

要做一大锅茶，把所有烘烤过的谷物放在一个平底锅里，加水煮沸。离火10分钟，通过一个筛子过滤，喝热的；或完全冷却，然后转移到瓶子或罐子，保存在冰箱里。

要制作单独的一杯茶饮，将1汤匙烤好的谷物放在茶壶里，倒入200毫升的沸水。5分钟后过滤并享用。

可尔必思苏打

可尔必思未必是日本最有名的，因为它有个令人讨厌的名字［另见：宝矿力水特（日本一种运动饮料）］，当你描述它的实际情况时，听起来并没有那么好：一种碳酸酸奶饮料。这个名词的字面意思也没有什么特别的帮助——一瓶“钙”和梵语“塞拉皮斯”：即黄油（嗯，黄油钙），但是通常只需要一小口就可以解决所有问题，因为它非常美味。这其中的酸奶仅仅是一种清淡爽口的味道——没有你可能期待的泡沫奶制品的奶酪味或酸味。日本几乎所有的自动售货机都会提供各种各样的可尔必思，但家中自制几乎和购买自动售货机的成品一样容易，而且它使用的原料非常常见。

集中精力制作10～12杯可尔必思

6汤匙柠檬汁

200克金砂糖（特级）

300克普通酸奶起泡水

方法

把柠檬汁、糖和酸奶搅在一起，直到糖溶解。用一个细筛过滤，然后在冰箱里保存一个星期。

要做一杯可尔必思，将一份酸奶混合物和三份起泡水混合。最好加冰块吃。

GEORGIA
微糖
強い、大人の飲みごたえ。
Coke ON
THE TAN SAN
スタンプ
Welcome
to Shinjuk
冷たいコークで
キミ色の夏をおいしく。
Coca-Cola

THE DERBY
Victoria

在歌舞伎町
去卡拉OK包厢!
这个啤酒最贵的地方

所以首先去便利店
在我们的袋子里装满:
“烧酎嗨棒”饮料和麒麟啤酒

然后在桌子下面
我们把杯子装满!

STRONG
糖類0 ×プリン体0*
さけ
お酒
果汁感
炭酸感
UP!
KIRIN
氷結
シチリア産レモン
ALC.9%
スピリッツ(発泡性)
搾った果汁を
熱をかけずに凍結!
妊娠中や授乳期の飲酒は、胎児・乳児の発育に悪影響を与えるおそれがあります。飲酒は20歳になってから。

浓郁干爽的柠檬烧酎嗨棒（Chuhi/Chuhai）饮料

烧酎嗨棒

日本的自动售货机不仅仅是用来买软饮料的——很多自动售货机自夸有一系列让你喝得酩酊大醉的东西，包括口感难以下咽或意外得好的啤酒、“一杯”份的清酒和一小瓶威士忌（有时是真正的上等威士忌）。但是我最喜欢的自动售货机上的酒是壮观的“烧酎嗨棒”（烧酒高球鸡尾酒的简称）。“烧酎嗨棒”是日本人对酒精含量通常在4%到8%之间的混合果汁汽水酒的叫法，几乎都是水果味的，但很少像碳酸饮料那样含有极其少有的甜味。我最喜欢的“烧酎嗨棒”饮料是浓郁和干爽的，由大量的烧酒，少糖或无糖，再加上一些像柚子或葡萄柚一样强烈的柑橘元素制成。也许最基本、最简单的入门级的烧酎嗨棒饮料就是柠檬口味的东西，但它仍然是我喜欢的东西之一。简单朴素，但也是成年人喝的有趣的柠檬汽水，还是个很有效的情绪调节器。

顺便说一句，75毫升听起来像是很多酒，但要记住，烧酒通常只有25%的酒精含量，所以成品酒的酒精含量是7%～8%。

制作一杯“烧酎嗨棒”饮料

75毫升烧酒

1/4柠檬

1茶匙超细的砂糖（或更多或更少，根据口味调整）

冰块

150～175毫升起泡水

方法

将烧酒、柠檬和糖放在高脚杯里搅拌均匀，直到糖溶解。加入冰块，然后加满起泡的水。好好搅拌并享受。

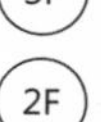

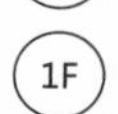

日式饭团

带馅饭团

日式饭团有点像传统日本人对三明治的回应——淀粉类的食物充满了可口的东西——还有同样简单的轻午餐或便于运输的肚子填充物。日式饭团还与三明治竞争，二者都是便利店货架上空间的最大使用者——大多数分店将有几十个品种，充满了各种令人愉快的东西。饭团最酷的一点是它们的包装——它们有独特的塑料套，可以把海苔和米饭分开，直到它们被打开，所以它们可以保持卖相和酥脆。饭团里几乎可以塞满任何东西（金枪鱼蛋黄酱是不太喜欢冒险的人的普遍选择；明太子，香辣鱼籽是寻求刺激感的人的选择之一），但普遍认为最好的食物是那些有很多味道的，可以给米饭调味——以下是我最喜欢的一些。顺便说一下，丘比蛋黄酱是一种日本品牌的蛋黄酱，比标准的西方品牌多一点调味料。如果你找不到它，也可以通过混合1茶匙的日式高汤粉，1茶匙的第戎芥末，一些盐和白胡椒粉到100克的普通蛋黄酱中，搅匀即可。

如果你是为了新鲜饭团而做，可以按照说明书来煮日本米饭（第26页）；如果你打算把它们放在冰箱里以后再吃，可以按照说明书上的说明来做米饭，这样米饭会保持柔软（第27页）。你需要60克未加热的的日本米饭和半片紫菜。

在饭团包制的时候，把你的手在盐水里浸一下，抓一把米饭。用你的手掌把米压成圆形，在中间放一勺馅心，然后把边缘收拢成球状。用拇指和食指之间的关节内侧将每个球按成三角形（这需要练习，但是一旦你掌握了窍门，就会很有趣）。在尽情享用之前用紫菜包好。

下面每个馅心足以做6个日式饭团

梅干和日本木鱼

酸梅熏金枪鱼

3汤匙水发日本木鱼［摘自《日式高汤制作》（*mak / mg Dashi*），第184页］

6个梅干，去核

把所有多余的水从日本木鱼中挤出来。把梅干和日本木鱼大致切碎，形成一个粗糊状物。

裙带菜和烤芝麻

裙带菜海藻和烤芝麻

3汤匙干裙带菜

2汤匙白芝麻，烤至深金黄色

1撮盐

在温水中涨发裙带菜约30分钟，然后榨干并切碎。趁米饭还热的时候，把裙带菜、芝麻和盐拌在米饭里，然后做成小馅饼。

甜虾蛋黄酱

明虾蛋黄酱

6只大虾（小虾），去壳，摘除夏肠，煮熟

50克丘比蛋黄酱

1撮七味粉（可选）

1撮日式高汤粉（可选）

把大虾切碎，与蛋黄酱、七味粉、日式高汤粉一起搅拌，如果你必须使用且有时间的话，放在冰箱里融合1个小时，那么大虾的味道就会与蛋黄酱味道相互渗透交融。

注：蛋黄酱虾仁饭团

注：干木鱼饭团

注：蛋黄酱金枪鱼饭团

注：小沙丁鱼萝卜泥饭团

注：纪州南高梅梅干饭团

关东煮

丰盛的日式高汤

没有什么比在冬天的时候把你的脸贴在一团关东煮蒸汽中更好的了——这就像在温泉里泡澡一样享受。关东煮火锅是日本最便宜、最受欢迎的火锅菜之一，可以在家里轻松制作，但更容易从专门的商店或便利店购买。基本上，这是一堆材料煮在稍甜、味轻但强化口感的日式高汤中，这些材料可以是几乎任何东西，只要它便宜和能吸收液体就好。这意味着你总能找到鱼饼、豆腐（尤其是油炸的）、肉末（绞碎的）或者适合炖的肉块，还有坚实而多孔的蔬菜，如土豆、卷心菜和白萝卜。出售关东煮的商店把所有东西都放在微微沸腾的肉汤里，所以他们出售的任何东西都必须具有结构完整性，才能在长时间浸泡后保持形状。它的使用方式是你选择想要的份量，然后选择喜欢的东西，通常是为了方便地吃。它总是难以置信的物超所值，因为食材成分是低调的，份量是巨大的。

4~6人份

制作日式高汤

2升日式高汤

60毫升酱油

4汤匙清酒

2汤匙（精）白砂糖

1/2茶匙盐

制作关东煮

8片卷心菜叶

300克碎鸡肉

1个大蒜瓣，切碎

1/4洋葱，切碎或磨碎

1根葱，切成薄片

1茶匙清酒

1/2茶匙酱油

少量盐

8条小的或4条大的章鱼腿

400克魔芋面条

4片（80～100克）油炸豆腐，切成三角形

4个鸡蛋，半熟，去皮

300克竹轮，或类似的鱼饼产品比如鱼肉山芋饼或者萨摩炸鱼饼

300克坚实，光滑的土豆，去皮

1/2根大型萝卜，去皮切成2.5厘米厚的圆形

配上热芥末，上桌

方法

把鱼汤、酱油、清酒、糖和盐放在一个大锅里，慢慢煮开。加入卷心菜叶，煮至柔软，大约5分钟，然后取出，冷却。

把鸡肉、大蒜、洋葱、葱、清酒、酱油和盐混合均匀，然后分别制成8个椭圆形的肉丸。用卷饼卷起的方法将鸡肉球包裹在卷心菜叶内，在卷起之前将馅料的边折起来。用鸡尾酒棒（牙签）或竹扦固定每个卷。把日式高汤放回锅里，把章鱼腿放在大石里烫5分钟左右，或者直到变硬。把每一根都穿在一个叉子上。

现在，只需要按照你的喜好烹饪所有的东西——最好是低温慢炖，液体几乎不用沸腾，这样配料就有足够的时间来吸收美味的日式高汤了。以章鱼为例，他们将提供一个可爱味道的肉汤，以便至少用一个小时来将其软化。其他的东西可以随时加进去，做好了就拿出来吃——吃关东煮最理想的方式就是围着一张桌子，旁边放着一个煤气灶。在配菜里放一点芥末，这样人们就可以随心所欲地调味了。与热清酒或烧酒搭配食用，非常美妙。

リポビタンD
KOSÉ

坂東三十三観
西日本豪雨

肉包

蒸肉饺

日本的便利店已经掌握了热存的现代艺术。茶和咖啡，滚烫但并不烫手，否则它们会灼伤你的嘴巴；炸鸡，在通风暖和的碗橱里保温，使它们保持清爽多汁；以及热腾腾的即时满足之王：肉包。

肉包就是日本蒸肉饺，其祖先是毛茸茸的中国肉包如叉烧包。日本版本往往比中国的原版更大，更像是一个小汉堡而不是一个小圆面包大小，而且不太甜。它们是多汁、暄软和令人满意的，也许是在这个世界上最好的即食食品。

制作6个大或8个小肉包

肉包面团配方

100毫升温水

7克（2茶匙）干酵母

200克普通（通用）面粉，加上额外的面扑

2汤匙砂糖（特级）

1茶匙发酵粉

1茶匙芝麻油

1茶匙植物油

猪肉馅配方

250克肥肉碎猪肉

50克竹笋，切碎

2个香菇干，再水化，去梗切成细碎状

3根韭葱，粗切碎

125克姜块，去皮磨碎

1汤匙酱油

1汤匙蚝油

1汤匙玉米粉（玉米淀粉）

1茶匙芝麻油

1/4茶匙盐

1/4茶匙白胡椒

方法

面团用温水和酵母混合搅拌溶解。把面粉、糖和发酵粉搅拌在一个碗里，然后加入液体配料混合。用带面团钩的立式搅拌机揉搓面团10分钟，或用手揉搓15分钟，直到面团光滑柔软。用保鲜膜（塑料薄膜）将面团松松地盖上，然后静置大约1小时，直到面团的大小翻倍。

同时，把所有的馅料放在碗里搅拌均匀。

把面团用拳头按压，搓成长条，分成6或8个大小相等的球。稍微在表面上撒上面粉，再将球压成大约5毫米（1/4英寸）厚的圆形片。在每一片的中间放一勺猪肉馅。把馅心包起，捏紧封口。

用烘焙纸（最好是木制的蒸笼，因为它们导热少，会产生较软的面团）铺在蒸笼上，然后放在开水上。小包子蒸12分钟，大包子蒸15分钟。你可以在包子中间插入一把小刀或金属条来检查它们是否煮透了。把它插在那里30秒，如果取出后摸起来很烫，它们就已经被蒸透了。这些肉包子在微波炉里能很好地加热，所以不用担心做太多。再说，他们会被吃掉的！

国料理専門店
3F
まぐろ商店
B1F
4F
ANRAKUTEI

手工比萨

蒸比萨饺子

手工比萨：便利店的超级英雄，在这里是为了让你免于饥饿（或者经常是为了避免喝醉）。

显然日本人和美国人在比萨上的心态是一样的，因为他们认为比萨很好吃，所以一切都应该是比萨。举个例子：比萨饼，一种肉包口味的比萨饼，里面塞满了奶酪、肉、西红柿等。我老实说，如果你买不到一个装满比萨馅料的蒸饺，那你就没有口福了。

制作6个大比萨或8个小比萨

1份肉包面团（第50页）

1汤匙橄榄油

100克绞碎猪肉或意大利香肠肉

50克意大利辣肉肠

盐和新鲜磨碎黑胡椒

50克番茄糊（筛过的西红柿）

20克帕尔马干酪，磨碎的1撮罗勒叶，撕碎（可选）

100克马苏里拉奶酪

一点普通（通用）面粉，用于做面扑

方法

在平底锅中加热橄榄油，将猪肉或香肠以及意大利辣香肠炒透。加盐和胡椒调味，加入番茄糊。继续烹调大约30分钟，直到大部分液体蒸发，混合物变浓稠。将锅从火中移出，加入帕尔马干酪和罗勒叶，待完全冷却后使用。

把肉包面团揉匀，搓成长条，分成6～8个大小相等的球形面剂。在其表面上稍微撒上面粉，再将面剂按压成大约5毫米（1/4英寸）厚的圆形皮子。在每一个圆皮子的中心放一勺馅料，在馅料上放一大块马苏里拉，然后在馅料周围收拢面团并捏紧密封。

用烘焙纸（最好是木制的蒸笼，因为它们相对密封，导热效果好，会产生膨松的效果）铺在蒸笼上，然后将蒸笼放在开水上。小包子蒸10分钟，大包子蒸12分钟。你可以在其中间插入一把小刀或金属条来检查它们是否煮透了。把它放在那里30秒，如果取出后摸起来很烫，它们就已经被蒸透了。

奶酪馅
炸鸡

虽然它不能与餐馆和街头小摊点菜相提并论，但你在便利店能吃到的炸鸡却是惊人的美味。当然，这在一定程度上是因为它有许多新奇的变化，比如奶油扇贝味、柚子辣椒味，甚至拉面味。但我最喜欢的是芝士炸鸡，这种东西太可笑了，正是我喜欢的食物。你需要一个探针温度计来测量这个。

制作4个

4无骨鸡大腿，带皮
80克淡味切达干酪，切成4个长方形
1个鸡蛋
1茶匙酱油
100克玉米粉（玉米淀粉）中再加1汤匙相同粉
50克普通（通用）面粉
1/4茶匙盐
1茶匙黑胡椒
油炸用油
提供番茄酱或辣椒酱

方法

在每只鸡大腿的皮下塞一块奶酪，在皮和肉上编织一根鸡尾酒棒（牙签），把奶酪封在里面。把鸡蛋、酱油和1汤匙玉米粉一起打匀，然后把鸡的大腿浸在这个混合物里。把剩下的玉米粉和普通面粉、盐和胡椒粉混合均匀。把鸡的大腿放在调味面粉里裹匀，然后取出放10分钟左右，这样面粉就会水化，粘在鸡腿上。

将油加热至170℃（340℉）。再次将鸡肉放入面粉混合物中，抖去多余的粉。煎炸6～8分钟，直到内部温度至少为75℃（170℉），呈金棕色，然后沥干。配番茄酱和/或辣椒酱。

自転車専用
13P
PEN

はじめ屋
八海山泉ビール
営業中
はじめ屋

作業台
シンク

若

T's house
アウトレット
リサイクル
ケース・看板
T's house
ティーズ ハウス

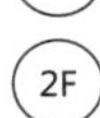

照烧鸡和煮鸡蛋三明治

虽然便利店三明治可以是相当平平无奇，但也有一些是真正精致的，像这个日本照烧鸡和煮鸡蛋三明治，可能便是我在日本生活时最喜欢的便利店三明治，也许是唯一一个我真正有渴望不时购买的食物。顺便说一句，鸡肉和鸡蛋的组合本身就很不错，你可以只吃一碗米饭和一些沙拉作为一个完美的晚餐，而不是夹在两片面包之间。

制作4个三明治

4个鸡蛋
100毫升酱油
100毫升味醂
4汤匙清酒
50克浅软红糖
2个蒜瓣，磨碎
2茶匙玉米粉（玉米淀粉）与1汤匙冷水混合
4个无骨去皮鸡大腿
8片白面包
4汤匙丘比蛋黄酱（第46页）
一些生菜叶

方法

把鸡蛋煮熟。说起来容易做起来难，对吧？你需要的是中等煮熟的鸡蛋——它们需要足够结实才能切片，而且蛋黄应该大部分是凝固的，但是中间仍然有点黏稠。煮鸡蛋的过程中有许多变量在起作用，但是只要你尽可能多地控制它们，你就应该达到鸡蛋的最佳成熟状态。以下是我实验的有效方法：把鸡蛋放在冰箱里稍冷藏，然后选用中等大小的鸡蛋，并且总是用滚水煮制。用漏勺小心地将鸡蛋放入水中，煮7～8分钟（小鸡蛋煮7分钟，大鸡蛋煮8分钟）。时间一到，我就把鸡蛋沥干，放入冷水中冷却。让它们彻底冷却，因为这将使它们更容易剥皮（顺便说一下，老鸡蛋比新鲜鸡蛋更容易剥皮）。

把酱油、味醂、清酒、红糖和大蒜放在一个深煎锅（平底锅）里煮开。加入玉米粉浆搅拌至浓稠，然后加入鸡大腿。在沙司中煎煮大约10分钟，不断地淋上烧汁，直到鸡肉煮透，沙司稍微减少，鸡肉上色很好（保持热量适中，这样沙司不会过度减少）。离火后取出并冷却。

把鸡肉和鸡蛋切成薄片。组装三明治时，在一片面包上涂上蛋黄酱，然后加上生菜叶，鸡肉片，再加一点酱汁，最后是鸡蛋和另一片面包。就像所有的便利店三明治一样，在冰箱里放一天后，这种三明治既新鲜又美味。

肉排三明治

炸猪排三明治

虽然便利店食品的质量一般都很好，有时也很上乘，但其中一个让他们失望的地方是三明治区域。公平地说，便利店三明治在技术上是完美的——便利店配送模式允许一天内多次运送新鲜准备的食物，所以你基本上找不到便利店三明治中面包是湿漉漉的或生菜是枯萎的现象。但它们的实际内容往往是淡而无味的——含水量充足的火腿、卷心生菜、美国奶酪、金枪鱼蛋黄酱、鸡蛋沙拉等，都总是塞进无壳无味的白面包片之间（我其实暗自喜欢，但它并不完全是手工制作的酸面包）。

但是有一种便利店三明治总是很美味，那就是炸猪排三明治，或者叫猪排苏三明治。那是油炸猪肉配上辛辣的通心粉酱，有时还加上蛋黄酱、鸡蛋、卷心菜和其他点缀。而炸猪排三明治通常味道很好，即使它们的组成部分不是很好，主要是因为炸猪排酱让一切都很好吃，当然也可能是因为炸猪肉。一般来说油炸猪肉很难出错。不管怎样，如果“坏”的猪排三明治是好的，那么想象一下炸猪排三明治该有多么好。这就是这个食谱。它需要撒上一些嫩肉粉，我不认为这是标准做法，但它有助于使肉变得易咀嚼，这对保持三明治风味的完整性很重要。

或者，你可以按照106页上的食谱做炸猪排，然后把它放在两片涂有沙司和蛋黄酱的面包之间，趁它还热又脆的时候享用——美味极了。

你需要一个探针温度计。

制作4个三明治

4块腰肉片/猪排，约1厘米厚

盐和白胡椒

嫩肉粉

50克高筋面粉

2个鸡蛋，加上一点冷水打散

120克日式面包糠

煎炸油，用于油炸

8片柔软而结实的白面包（切下面包皮，体验真正的便利店风味）

4汤匙丘比蛋黄酱（第46页）

半颗生尖头型卷心菜，切细丝

100毫升猪排酱

方法

用盐和胡椒粉调味猪肉，用少许嫩肉粉调味（用盐量尽可能正好；用盐过多会使肉松弛，用盐过少则没有效果）。把调味料揉进肉里，放在冰箱里至少1个小时。

将煎炸油加热至180℃（350℉）。把猪肉排放在面粉里粘匀，然后裹上鸡蛋液，最后是粘上日式面包粉，确保猪肉排涂裹得很均匀。在油里炸5～6分钟，直到猪肉排的内部温度达到60℃（140℉），呈金棕色——如果还是有点粉红色就可以了。

做三明治时，把蛋黄酱涂在一片面包上，然后在上面放一把卷心菜丝。在卷心菜丝上面放一点猪排酱，然后在上面放上猪排，再淋一点猪排酱。最后，把另一片面包放在上面，压扁，然后切成两半。这些三明治口感很暖和，即使在冷却状态时也是非常好吃的，如果你的面包不是太干太脆的话，在冰箱里放24小时后，它们的口感就会变好。

草莓三明治

在便利店的所有三明治中，这一个可能是最特殊的。在典型的火腿和金枪鱼三明治之间，草莓和奶油三明治是一个令人困惑的东西（它……美味吗？），但一旦你尝试了，这一切就完全有意义了。日本白面包往往是甜的和软的，这非常平淡，所以当它包裹了草莓和奶油，变成一种蛋糕。事实上，这看起来非常像维多利亚海绵蛋糕，而且在下午茶中也不会不合适（另见：午后红茶，第37页）。如果你想吃水果三明治（当然，我们都这么做），而草莓不在当季，换上任何质地相似的水果都很管用——猕猴桃、芒果、菠萝和桃子都很好吃。

制作4个半三明治

200毫升打发鲜奶油

1茶匙香草精

1汤匙砂糖（超细）

4片软的、甜的、白面包（或者你可以用黄油鸡蛋圆面包代替，这是美味的，但不是典型的），去壳的

300克草莓（18～20个），切半

方法

把奶油、香草精和糖搅打到很硬的状态，挑起来峰尖不下垂，它应该是一个坚实的、可延展的稠度。把它均匀地涂在每片面包上。把草莓放在两片面包上，然后合上做成三明治。用保鲜膜（塑料薄膜）包好，冷藏30～60分钟，然后打开包装，对角切片即可食用。

日式炒面和日式炒面锅

炒面和小圆面包炒面

在碳水化合物三明治的星系中，有一颗恒星燃烧得最亮，甚至比“日式炒面锅”还要亮。如你所知，日式炒面是炒面，而日式炒面锅是把面条塞进热狗面包里。我妻子突然看了我一眼——因为我在写这一句时突然大笑起来。你能怪我吗？太可笑了。但它也出人意料地好——有很多质地和味道的日式炒面，嫩面条和松脆的蔬菜，辛辣的泡菜和酱汁。这正是做一个美味三明治的诀窍：每一口都有很多不同风味的对比。

制作4份日式炒面

够6个日式炒面锅

日式炒面配方

2汤匙油

2个洋葱，切成约5毫米厚的片

半个生尖头型卷心菜，切成1厘米的长条

6个香菇干，用水涨发后，去梗，切成薄片

1汤匙芝麻油

1/2茶匙日式高汤粉

3汤匙酱油

4汤匙猪排酱

2汤匙味醂

1汤匙清酒

4份熟鸡蛋面

40～50克红腌姜

白芝麻，烤至深金黄色

几把青海苔

一小把日本木鱼片

日式炒面锅配方

剩余的日式炒面

热狗面包

猪排酱

丘比蛋黄酱

额外的青海苔和红色腌姜（可选）

方法

制作日式面条。将油在锅或大煎锅（平底锅）中用高温加热，然后加入洋葱并煎几分钟，直到洋葱开始变色。加入卷心菜和蘑菇，再煎炒几分钟。然后加入芝麻油、日式高汤粉、酱油、猪排酱、味醂和清酒，让液体略蒸发。然后加入面条、生姜和芝麻，再煮几分钟，让面条吸收酱汁。盛在碗中撒上青海苔片和日本木鱼片。

如果你想做日式面条锅，就把日式面条放进剖开的热狗面包里。最上面再放一点猪排酱，挤上丘比蛋黄酱，如果你喜欢，还可以再撒上一点青海苔片和腌姜。

日本沙拉配芝麻柑橘调味汁

住在日本时，我有一个非常固定的每周计划。我一整个星期都吃得很健康，大部分时间都在锻炼，但是每个周末都像是一次盛大的聚餐——星期五的居酒屋大餐，星期六的拉面或乌冬午餐，然后是星期六晚上的另一顿大餐——可能是韩国烤肉或意大利菜，所有这一切都沉浸在美妙无比的酒精之中。星期天到来时，我回到家里，护理着让人头晕眼花、身体虚弱的宿醉。对我来说，星期天晚上总是一个自我治疗的时间，吃着便利店的食品，看着盗版的《美眉校探》（*Veronica Mars*）。我会去公寓旁边的7-11便利店买些三明治、饭团、糖果、茶，当然还有偶尔吃的沙拉——这不仅仅是以营养为名义的象征性表示，实际上因为便利店沙拉太好了，它们甚至可以缓解宿醉，而通常我想要的只是排出毒素。我最喜欢的是一道简单的多叶沙拉，里面有水菜和鸡丝，还有用磨碎的芝麻和柚子做成的更好吃的调料。它令人耳目一新，而且口感丰富，味道浓郁。

制作4个丰富的沙拉（主菜）
或6～8个份量较小的沙拉（配菜）

2块去皮鸡胸
1茶匙芝麻油
盐和白胡椒

芝麻柑橘汁配方
25克白芝麻
50克芝麻酱
2汤匙味醂
2汤匙米醋
3汤匙柑橘汁（或酸橙汁）
1½汤匙芝麻油
1½汤匙植物油
1汤匙砂糖（超细）
1汤匙酱油
1撮白胡椒
1撮日式高汤粉或味精（可选）
水，适量
盐，适量

沙拉配方
100克水菜（你可以用苦苣菜代替）
半颗卷心生菜，切成适口大小
2个西红柿，切成8个楔子块
1根胡萝卜，去皮后切丝
200克甜玉米罐头
半个黄瓜，切成细丝

方法

把鸡胸脯平放在砧板上，用锋利的刀子把每一块鸡胸脯切成半幅，让两块鸡胸脯分开，贴在一边，像一张贺卡一样打开。用芝麻油、盐和胡椒粉把它们全擦一遍。中高火烤约8分钟，在烹饪过程中翻身，或直到烤透，不再呈粉红色。晾凉，然后冷却。

做调味汁时，把芝麻放在一个干煎锅（平底锅）里烤至褐色，散发出坚果味时，从火中取出，冷却，然后用研钵和杵、香料磨或食品加工机磨成粗糙的砂质粉末。最后与芝麻酱、味醂、米醋、柑橘汁、芝麻油、植物油、糖、酱油、白胡椒和日式高汤粉或味精混合。如果太稠的话，加入一点水来稀释它。根据需要用盐调整口味。

切碎煮熟的鸡肉。把沙拉蔬菜放在碗里，上面放上西红柿、胡萝卜、甜玉米、黄瓜和鸡丝。上菜前把调味汁倒在上面。

咖喱锅

日本咖喱风味甜甜圈

如果伦敦餐厅菜单上的东西被描述为“肉排咖喱甜甜圈”，那将是一件相当新奇的事情。在东京，这样一个项目已经存在了近一个世纪。1927年，一个叫田中丰原的面包师开始卖油炸“西式面包”，很可能“咖喱锅”由此诞生。今天，咖喱锅无处不在——每个便利店都卖一个像样的版本，甚至出现在学校的午餐中，但你也可以买到由面包店或咖喱餐厅制作的非常好的咖喱锅。

最好在你需要咖喱的前一天做咖喱，这样你就可以把它彻底冷却备用。你需要一个探针温度计。

制作6个甜甜圈

咖喱配方

15克黄油
半个小洋葱，切丁
10克普通（通用）面粉
10克咖喱粉
1茶匙辛辣香料粉
120毫升蔬菜汤
半个胡萝卜，去皮切丁
80克花椰菜，切成小块
20克豌豆
1汤匙酱油
1茶匙番茄酱
辣椒酱（可选）

面团配方

5g速溶酵母
60毫升温热牛奶
2个大鸡蛋，搅打成蛋液
250克高筋白面包粉
50克普通（通用）面粉，加上用作面扑的量
3克盐
15克砂糖（特级）
80克黄油，软化后切成小块

组装服务

1个鸡蛋，加水或牛奶搅拌均匀
40克日式面包糠
油炸用植物油

方法

制作咖喱。首先把黄油放在一个小平底锅里融化，加入洋葱，煎炒5分钟或直到金黄色。然后，加入面粉、咖喱粉和辛辣香料粉，煮几分钟，不断搅拌。再把底汤加上，烧开。加入胡萝卜、菜花和豌豆，煮至刚熟，同时经常搅拌以确保酱汁不粘底。最后，加入酱油、番茄酱和辣椒酱搅拌均匀，将锅从火上取出并彻底冷却备用。

制作面团。把酵母和牛奶搅拌直到酵母溶解，然后把混合物搅拌到鸡蛋里。把面粉、盐和糖放在一个搅拌碗里（如果有，可以用带面团钩的电动搅拌器），轻轻搅拌，然后加入液体配料。用手或低速搅拌2分钟，然后将速度调至中等，再搅拌7分钟，或在撒了面粉的表面上揉搓15分钟。加入黄油，揉搓或混合5分钟，直到没有黄油块残留，面团非常光滑和柔软。将面团用保鲜膜（塑料薄膜）包好，冷却至少2小时，

把面团分成8等份，然后擀成球状。将球滚成直径约10厘米（4英寸）的圆形，然后稍微压平边缘（每一个圆形的中心应该稍厚一点）。在每一圆形的中间放一大勺咖喱，然后折叠起来，把边缘紧紧地压在一起，把咖喱封紧（如果在油炸时稍微打开一点，咖喱就会喷出来）。卷曲每个甜甜圈的密封边缘，使用折叠和滚动的操作，就像做馅饼一样，然后将甜甜圈翻到一个稍微涂上油的托盘上，密封面朝下。转移到冰箱并冷却至少1小时。

把日式面包糠放在盘子里。把每个油炸圈饼刷上蛋液，然后均匀粘上日式面包糠。用保鲜膜（塑料包装）将甜甜圈盖上，放在温暖的地方1～2小时，或者直到它们的体积大小几乎翻倍。

将油加热至160℃（320℉），然后小心地将甜甜圈放入油中，每次2个或3个，密封面朝下。几秒钟后，将甜甜圈翻转过来，使接缝位于顶部（这将有助于防止它们过度膨胀，从而导致面包太空心）。油炸8分钟，经常翻面，直到它们变成金黄色。上桌前放凉。

TOKYO

东京传

1

炸猪排

拉面

LOCAL

统味道

F

哥斯拉

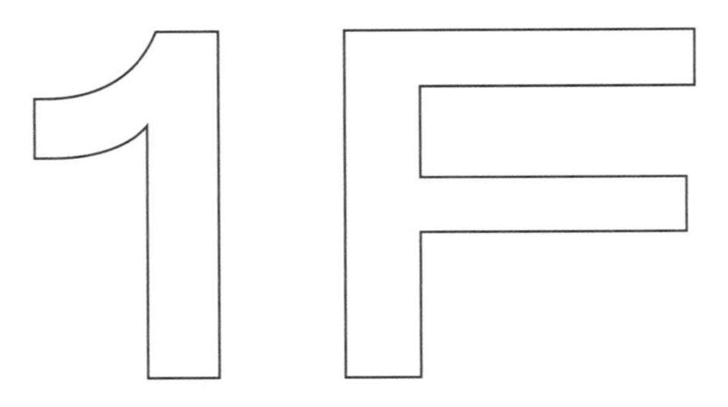
1F

东京传统味道

首都特色菜

日本的楼层编号规则遵循的是美国模式，因此在英国，这里所讲的一楼被称为底层。在这里，或者说在街道上，你会发现许多与东京最密切相关的标志性食品。

和很多首都城市一样，东京没有很多地方特色菜可以称之为自己的特色。东京超发达的土地意味着农业没有太多的发展空间，而其作为日本文化和经济中心的地位意味着，从来没有必要像小城市一样创造自己的食物，东京真正的“本地食品”可能是全球食品，这主要是因为它的多样性。

然而，一旦你开始探索东京的历史和一些旅游较少的地区，你就会发现一些独特的特色，要么与东京密切相关，要么在东京以外很少发现，要么两者兼而有之。这其中包括拉面（旧派和新派），以东京咸水河和海湾中发现的生物为基础的有泥土气息的灵魂美食，以及起源于东京数百年历史的街头美食文化——或者更准确地说，江户时代的标志性日本菜肴。

江户是东京的老名字，它非常不浪漫地被译成“河口”，或者更奇特地译成“海湾之门”（东京字面意思是“东方首都”，对世界上最有活力的城市之一来说，这是一个功能和名字相当一致的城市）。江户是德川幕府的所在地，德川幕府是日本从17世纪初到19世纪中叶的统治军事王朝，虽然它不是事实上的首都，日本的政治、文化和经济实力，在这段时间内戏剧性地转移到江户时代之前，曾被京都控制了几个世纪。这在很大程度上与幕府所谓的三金高台（sankin kotai）的做法有关，即轮流出席，这要求日本许多领地的领主每年在江户居住一段时间，有助于巩固江户的权力，同时破坏该国其他地区的稳定。这一切都非常聪明，由于这种中央集权，这个国家经历了近三个世纪的“和平江户”。

这段相对平静的时期让很多以前非常忙碌的士兵无所事事，武士成了一种勉强的休闲阶层。更高级别的官员有更高的津贴，可以从事浮世绘的更高层次的追求。浮世绘是城市闲散的“流动世界”，如茶道、歌舞伎剧院。下层人士不得不从事更节俭的娱乐活动，如狂欢饮酒，但他们也可以享受正在出现的廉价街头食品，其中包括19世纪初日本最具象征性的菜：江户寿司。

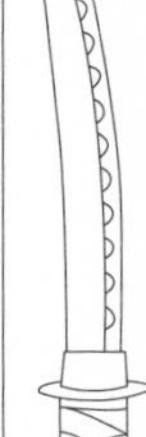

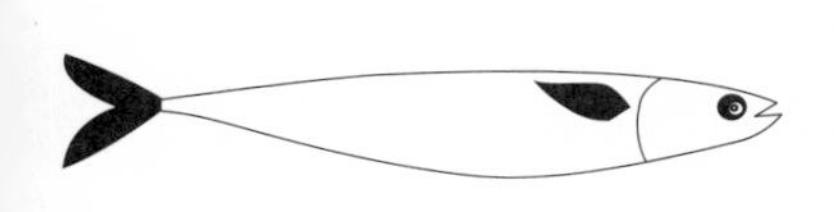
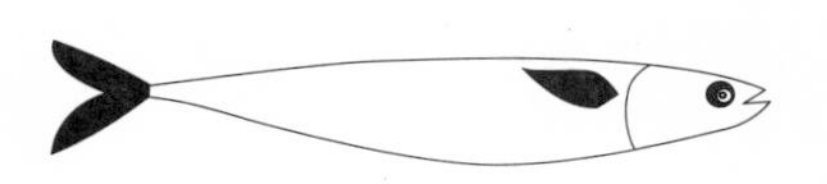
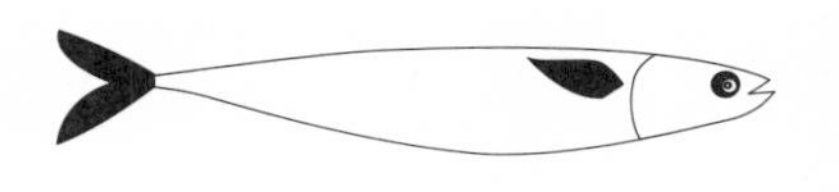

江户寿司

传统东京寿司

让我们了解一下这个部分。寿司当然是寿司，但它是原始的、过时的，意思是“酸味”。这是指醋米饭的味道，如今主要用它增加香味，令人垂涎欲滴，但最初是为了保存米和鱼。有趣的是，尽管寿司与新鲜度有着如此密切的联系，但原始寿司却与新鲜度毫无关系。事实上，寿司与东南亚鱼露和其他腌制、保存的鱼制品有着相同的烹饪血统；最初的日本寿司（现在称为日本熟寿司）是由盐和大米发酵产生的盐和酸保存下来的鱼。你仍然可以在日本的一些地方找到这种原始的寿司，虽然我还没有尝试过，但据所有人说，它是很刺激的东西。

在江户时代开始时，人们已经开始使用醋来补充或完全替代曾经保存过鱼的乳酸，这使得这一过程更加简单快捷，同时提高了它的功效和保质期。但直到18世纪下半叶，厨师们才开始完全放弃寿司制作过程中的保藏环节，而将新鲜的鱼放在米饭上。尽管事实上可能有许多商店生产类似的菜肴，不仅在江户，在大阪也有，但这一创新被广泛地归因于东江户的厨师韩雅佑（Hanaya Yohei）。顺便说一句，江户湾是装饰寿司的新鲜鱼的原始来源，仍然被用作传统方法和优质食材的指标，即使它们实际上并不来自东京湾附近的任何地方。

到了19世纪30年代，这种新的寿司已经在京城的街边摊上流行起来，为江户的工薪阶层（或失业阶层）提供廉价的寿司。早期的寿司是相当粗糙的速成品，1868年明治革命后成立的新政府以公众健康问题为由，迅速取缔了危险的寿司摊位。不过，寿司在东京的地位已经很好，1923年关东大地震后，东京人分散到日本其他地方，这有助于将寿司传播到日本各地，用曾经的本地菜创造了一道全国性的寿司。

但江户寿司在东京仍然被认为是一种特别适合吃的东西，尤其是在筑地周边，繁忙、臭烘烘的鱼市如此之大，如此之繁华，就好像一个完整的另一个城市本身。当地人和游客都知道，这是一个很好的地方，可以买到一些价值很高的寿司，因为这里的商店没有太过奢华的装修，而鱼不能再新鲜了。对于这些商店来说，在早餐时间排队是很平常的，那里挤满了寿司迷，他们渴望得到刚刚上岸的海鲜。2018年10月，筑地市场关闭，东京的海鲜批发业务迁至丰裕（Toyosu）的闪亮新址。只有时间能告诉我们，周边地区是否会成为廉价早餐寿司的热点，但即使没有，仍可以在整个首都很多地方找到美味的寿司。

这里提供的一份江户寿司（最常见的是手握寿司）的食谱有点奇怪，因为它实际上更多的是关于原料和技术，而不是食谱（当然，除了大米本身，这是非常重要的）。因此，下面的内容更像是一个如何在家里做出最好寿司的指南，其中有一些小贴士可以让你的米饭、鱼和调味品发挥最大功效——你可能会惊讶，但只要稍加练习，再加上一些上等的鱼，你就能做出如此神奇的寿司。

寻味指南❶
Sushidokoro Yamazaki 寿司所やまざき Tsukiji Shijo, 〒104-0045, sushi-yamazaki.com

出版者注：

❶ 此处均保留了原文，以便读者检索。

寿司饭

寿司

寿司装饰物（配料）通常会得到所有的荣誉，但寿司米（大米）同样重要，如果不是如此，制作不出伟大的寿司。想想三明治吧，你可以吃到各种美味的馅料，但如果你不吃上好的面包，它们就一文不值了。最好的寿司饭应该是：

煮制恰当的

不太软也不太硬

黏度适中的

不黏、不粉，也不干

准确调味的

加上足够的酸、糖

加盐使味觉活跃

创造一个令人垂涎欲滴

吃了还想吃的品质

适当保温的

不冷，也不热，但是

略高于体温

形状完美的

米粒不是混黏在一起，但也不是

太松散了，以至于在从你的盘子到嘴的

过程中散架了

你听说做寿司厨师要花很多年时间练习吗？是的，这就是为什么做一份完美的寿司饭需要大量的练习。我会提供一个如何做米饭的配方，但很多都会归结到你的感官和直觉，以及一些必要的尝试和错误。当你煮米饭的时候，一定要尝一尝，每一步都要感觉：米饭的质地对吗？我加醋会不会太软？一开始是不是太软了？如果冷却一点会不会太硬？如果是这样，用更少或更多的水、时间或热量相应地调整烹饪过程。太黏了吗，下次再淘洗一下？质地不均匀吗，一定要提前把米泡好。当你准备好做寿司时，再检查一遍：温度合适吗？它能很好地结合在一起吗？有明显的颗粒但没有胶黏的涂层？当你在塑造它的时候，感受它，然后把它压在一起，直到你确信它会保持在一起。你可能不能辞掉你的日常工作去培训成为一名寿司厨师，但是只要花一点时间用心做寿司饭，你就会做的很好。

这可以做足够的米饭

制作大约20块手握寿司

300克大米

390毫升水

2汤匙米醋——对于真正优质的米饭，使用具有适当发酵的米饭风味的优质米醋（棕色米醋非常好）

2汤匙砂糖（特级）

1汤匙盐

方法

把你的大米淘洗得足够彻底——让水尽可能地清澈。我发现在水龙头下而不是在平底锅里做这件事最容易。把大米放在平底锅里，用足够的水盖在大米表面以上1厘米（1/2英寸）的地方，浸泡1小时。同时，将醋、糖和盐搅拌至糖和盐完全溶解。把大米沥干，然后加入量好的水。放在高火上，烧至煮开，然后把火减至低火，盖上锅盖，煮15分钟。把米饭从炉灶上取出，倒进一个又宽又浅的碗里。淋入寿司醋，用米饭勺或抹刀轻轻但彻底地旋转翻拌，让所有的米粒裹上醋（确保不要打碎米饭）。当米饭摸起来刚好热乎乎的时候，用茶巾松松地盖上，让它冷却吸收调味料后，就可以使用了。

至3120－自3113
宮十宮宮網丸水福
彦栄彦彦又吾栄田
第二十五棟
自4113－至4120
樋
泉
松伊
松慶
浦安佃甚
店舗前の通行及び駐・停止禁止時間
小車7:00～10:30・ターレット6:30～11:00
松慶
丸吾
宮彦

寿司配料和调味品

装饰

如果你想做一个很棒的寿司，你真的需要得到你可以找到的质量最好的鱼，这很可能是从日本当地超市的鱼柜台或冷冻区购买。这里的鱼通常在日本捕捞和加工，专用于制作寿司和生鱼片，然后速冻并运往国外。虽然鱼很贵，但质量却非常好——不仅如此，它使用起来很方便，因为它已经被切成整齐的鱼片或块，所以你所要做的就是切下寿司大小的块，然后就可以制作了。

或者，如果你认识一个非常优秀的本地鱼贩，你可能会得到更好质量、价格还会更便宜的鱼。告诉他们你需要新鲜的鱼做寿司，他们应该能够告诉你不同季节市场上质量最好的鱼。当你有需要的时候，他们应该给你新鲜如雏菊的鱼，而且都是经过清洁和修剪过的。有趣的是，你可以在当地买到一些有趣的替代品，而不是从日本运过来的东西，因为这些东西味道和质地都非常鲜美。我在英国最喜欢的寿司店就是这么做的——当我们被来自自己国家海岸的美味海鲜包围时，为什么还要花心思吃从半个地球上飞来的鱼呢?

寿司的两种主要调味料是酱油和山葵。如果你想成就寿司的辉煌，这两种产品都需要质量上乘。有如此多种类的酱油可供选择，但一个好的酱油，首选自然酿造的，最好是陈年的日本酱油。它将很好地为各种寿司增味——只是不要过量使用。我个人也喜欢清淡的酱油，比如一种所谓的“白色”酱油usukuchi酱油，甚至是不寻常的shiro酱油，它们用更多的小麦制成，所以颜色和味道要淡得多。日本的寿司大师通常会将各种酱油混合起来，以达到理想的风味和稠度，有些还会将它们与其他调味品如清酒、味醂、海带和木鱼相混合，以进一步微调其风味，增加层次感和复杂度——许多人甚至对不同的装饰物有不同的混合。我非常推荐在你的酱油中加入一点糖或味醂，这样可以使酱油味变得圆润，减少盐分的含量。在酱汁中加入一点木鱼，可以放大装饰物的天然肉鲜。无论你选择什么样的调味料，我建议你都把它刷在鱼的上面，而不是用它来蘸酱——这样你就可以得到更清淡、更均匀的调味料，而且你也不用冒着浸泡米饭的风险。

至于山葵，最需要注意的是你的山葵是不是真的——大部分是染色的辣根，所以检查一下标签。真正的山葵在日语中被称为“hon wasabi”，它不像假冒的东西那么强烈和甜。我想冷冻山葵的味道也比罐装的好。但真正的原味山葵，当然，是新鲜的根本身，它是稀有和昂贵的，但味道是无与伦比的。它有一种水果的香味，几乎像土豆一样蓬松的质地，你不会真的从加工过的东西中得到什么，而且它的热量被完美地抑制了。如果你对寿司是认真的，那么至少有一次是值得去寻找和挥霍的。即使是新鲜的山葵也应该用一只精致的手来涂抹，因为太多的山葵只会掩盖其他装饰物的味道，除了风格最强烈的。也就是说，像鲭鱼或沙丁鱼这样油腻的、味道浓郁的鱼，加上更为丰盛的山葵，效果会很好，事实上，这种鱼通常需要更大胆的调味料，比如磨碎的生姜、切成薄片的小葱（大葱）或细香葱、切碎的茗荷（日本姜花）、酸橙，甚至一点辣椒。

造型寿司并大快朵颐

此时你有了米饭、配料和调味料，现在要做的就是把它们放在一起，然后摆在面前。从很多方面来说，这是很容易的部分，但仍然需要一些练习。

首先，把鱼切片——要保持逆着纹理切，但切片的厚度和宽度取决于你自己。像鲈鱼和鲷鱼这样较硬的鱼一般应该切得更薄，这样它们就不会嚼不动，而像鲑鱼、金枪鱼和鲭鱼这样的嫩鱼可以更厚一些。有些像小沙丁鱼一样的鱼，根本不需要切片，但是你可能需要划破它们的皮，这样它们就更容易被牙齿咬烂。只切你需要的份量——每切一片，你会暴露更多的切面，这使得鱼更容易失去味道，变色、最终变质。

准备一碗室温的淡盐水放在手边。要做出寿司的形状，首先用盐水把手弄湿，抓一把米饭，然后把它压在手掌上，动作像握紧拳头一样，但要轻一些。当米饭松散包装，宽约2厘米（3/4英寸），长约4厘米（1½英寸）时，用指尖将少量山葵涂在米饭上，然后在上面放一片鱼。把寿司放在你非惯用手的手掌上，用你惯用手的食指和中指沿着寿司的整个长度向下压，同时紧握另一只手的手掌，把所有东西牢牢地压在一起（顺便说一下，“寿司”，意思是“压”）。刷上你喜欢的酱油或者酱油混合物，再加上任何你可能想要的配料，然后趁米饭还热的时候，立刻吞食。咀嚼时向后靠，闭上眼睛，将注意力集中在凉爽、新鲜、柔软的海鲜与温暖、浓郁、美味的米饭之间的完美和谐与对比上。深深地微笑，喝一小口啤酒或清酒或茶，吃一些腌姜，重复直到满足。

梦甲烧（什锦烧）

煎烧锅

你大概永远不会忘记你的第一次吃梦甲烧——因为它太奇怪了。

梦甲烧是月岛町的一个特产，它是东京东区“老城区”的一个工薪阶层聚居区，建在一个人工岛上，人工岛是东京湾疏浚航道工程的副产品。月岛町现在有70多家梦甲烧餐厅，但你也可以在东京东部找到它们。2005年，我第一次在浅草寺中吃过这种食品；我不太明白我点的是什么，我以为这只是当地的一种著名的美味煎饼——大阪烧。有点像——但就好像日式煎饼出了问题。虽然日本煎饼面糊很厚，当它被烤焦时会凝固，但梦甲烧面糊却非常薄，相反，它只是在煮熟时变成一种黏稠的液体。像日本煎饼一样，它是在餐桌上煮的，直接从烤架上吃。我在吃饭的餐馆的女服务员看出我被眼前的这团冒泡的东西搞糊涂了，她不得不过来解释怎么吃——基本上，当融化的奶酪或很浓的酱汁达到一定稠度时，你只需要用小铲刮去一口，然后塞进肚子里。老实说，这是我吃过的最奇怪的东西之一，但它也真的很好吃。这种黏稠性很难描述，但并不令人不快，而且烹调起来确实很有趣——而且，就像日式煎饼一样，你可以在里面放任何你想要的东西。这个食谱是我最喜欢的组合：泡菜、甜玉米和奶酪。奶酪特别棒，因为它既能使菜的黏稠度加倍，又能在液体煮熟时在边缘产生小的脆点。这道菜你需要一个煎锅——一个电动煎锅便很方便，所以你可以在桌上一边烹饪一边吃这个，这是真正的月岛町风格。

2人份

500毫升水

4汤匙普通（通用）面粉

1汤匙酱油

1/2茶匙日式高汤粉

半个尖头圆形卷心菜或扁卷心菜，切碎

100克泡菜，切碎

150～200克甜玉米罐头，去水

4根香葱（大葱），切成薄片

1汤匙植物油

100克马苏里拉奶酪，磨碎

日本姜，根据需要（可选）

4汤匙大阪烧酱汁或伍斯特沙司

1汤匙青海苔

方法

把水、面粉、酱油、日式高汤粉、卷心菜、泡菜和甜玉米搅拌在一起。一把葱留着稍后用作配料，然后把其余的加入混合物中。用高温加热你的煎锅，加入油，然后把面糊倒进去，面糊会摊开覆盖整个煎锅。当它煮熟的时候会变稠，当它是浓稠的肉汁时，撒上奶酪、日本姜（如果使用）和保留的葱花。当整个混合物变稠成黏稠的、融化的奶酪状结构时，加入沙司和青海苔。现在你只需从烤盘上刮下一口就可以享受了。我知道这很奇怪，但这就是他们在月岛町的做法！

寻味指南
Tsukishima Monja Street 月島もんじゃストリート Tsukishima, 〒104-0052, monja.gr.jp

荞麦面

荞麦面条

如今，东京的主导面条是拉面，但事实并非总是如此——早在江户时代，荞麦面就占据了统治地位。荞麦在日本比大米更容易种植，这使得荞麦价格便宜，因此，荞麦面条成为老江户工薪阶层的街头主食，小贩们一碗只卖几便士。像日本料理的大多数食物一样，它现在已经以各种各样的方式被人们小题大做和喜欢上了，但是我认为我最喜欢的还是它的简单、朴素和舒适（在某些地方你仍然可以看到一碗400日元，这是令人惊奇的）。如今，高质量的荞麦干面条很容易买到，但是从头开始做也不是那么难，这样你就可以把面条切成任何你喜欢的厚度（我喜欢美味的厚的荞麦面条），还可以根据你的喜好控制荞麦粉和小麦粉的比例。

你需要一根长的擀面杖和一把平刃的小刀（或者你也可以用意大利面机）。

制作4～6份面条

400克荞麦粉
100克普通（通用）面粉，
加上额外的面粉做面扑
250毫升水

方法

把面粉放在一个又宽又深的碗里，然后加入一半的水。用手指把面团揉在一起，直到它开始结块，形成砂质的质地。加入剩下的大部分水（你可能不需要全部）继续搅拌，直到它形成一个粗糙、干燥的面团。面团应该很硬，所以只要加入足够多的水就可以使面团粘在一起。揉面团至少10分钟，直到面团变得光滑和柔软。将其塑造成一个球，用保鲜膜（塑料薄膜）覆盖，然后饧面并保湿20~30分钟。

在你的工作案板上撒上大量面粉，然后把面团压成一个圆盘，用手把它摊开，厚度约为1厘米（1/2英寸）。用擀面杖把面团擀得更圆，同时把面团周期性地旋转90度，这样当你擀面团时，面团就形成了4个角——面团应该擀成一个大正方形。继续擀制，直到变成2～3毫米厚，然后用更多的面粉将面团表面撒上面扑，然后将其折叠起来，然后再重复一遍，这样总共有8层面片堆积起来。用小刀把面片切成面条——面片可以薄到2毫米，也可以宽到1厘米。立即用开水煮，直到面条浮起来（1～2分钟），或者摊开晾干（但你就是比不过新鲜的荞麦面）。用冷水漂洗后，与浓汤、大葱和海苔丝一起冷却食用，或与酱油、磨碎的日式高汤粉、香葱（大葱）和煮熟的鸡蛋一起热食。

寻味指南
Tamawarai 玉笑 Meiji Jingumae, Shibuya-ku 〒150-0001

冰花煎饺

带香脆“翅”的猪肉锅贴饺子

如果有天堂的话，那里一定充满了饺子。也许这就是为什么我那么喜欢东京——你转来转去的每一个地方似乎都有饺子。作为日式料理的主食，日式拉面店、家庭厨房、节日、中餐馆、超市、街边小摊（基本上都是出售食品的地方），饺子是日式料理中最受欢迎的商品之一。近年来，它开始引起与拉面同样程度的痴迷，厨师们找到了聪明的新方法，将自己的饺子提升到一个新的水平，并要求善变的饺子食客关注。一个简单但却令人印象深刻的方式来美化饺子使它成为“冰花煎饺”（Hanetsuki）风格。“Hanetsuki”的字面意思是“有翅膀”，它指的是一种轻的、有花边的、脆的米纸状的外壳，当淀粉水加入锅中蒸发掉时，它就在饺子的外面形成。事实上，我是第一次偶然地做了一道冰花饺子，当时我往锅里加入了一点面粉水，用来密封饺子，然后用了几个月的时间试图重现同样的效果。这是我想出的食谱，可能需要你一些练习，但即使翅膀第一次不能出来（甚至是第三次或第十次），也没关系——你最终还是会得到美味的饺子，这从来都不是坏事。

制作大约24个饺子

250克肥肉切碎（绞碎）的猪肉

4片蒜瓣，擦成细碎状

2厘米姜根，去皮，擦成细碎状

15克韭菜，切成粒状

80克大白菜叶（卷心菜），切碎

3克（1/2茶匙）盐

1/4茶匙白胡椒粉

24个饺子皮（注：饺子皮通常一包24或30个，这个食谱可以制作30只饺子，如果你每一只饺子少填一点馅心的话）

10克玉米粉（玉米淀粉），再加点用于做面扑

10克普通（通用）面粉

150毫升冷水

制作蘸酱

4汤匙酱油

2汤匙米醋

1茶匙辣椒油或芝麻油

方法

首先，这将需要一个非常可靠的带锅盖的不粘锅或能够良好调味的煎锅（长柄平底锅）。不要在没有一个的情况下尝试这些，否则饺子无法正确烹饪，并且出锅时翅膀不会打开。

将猪肉、大蒜、生姜、韭菜、大白菜、海盐和白胡椒粉混合均匀制成馅心。包饺子前，请将饺子皮和一碗冷水放在手边，打开饺子皮，用湿布或纸巾松散地覆盖（如果饺子皮干了，就很难密封）。一次放几个饺子皮，用指尖蘸水弄湿它们的边缘。在每个饺子皮的中心加入一小匙馅心，然后将它们折叠包住馅心，一边卷曲一边折叠，同时将其牢牢捏在另一边以密封。这需要一些练习，但不要担心你的卷曲技术不是“饺子大师”的水平。有些厨师根本不卷曲捏成褶，没有褶或褶子捏得不好的饺子仍然味道鲜美。把饺子在托盘上排成行，撒上少许玉米粉，然后用一片湿纸巾盖住，随后继续包饺子。把酱油、醋和辣椒或芝麻油搅拌在一起做成蘸酱。

烹饪的时候，把面粉和水搅拌在一起，准备好淀粉浆，它应该看起来像牛奶。在不粘锅里倒一点煎炸油，用纸巾擦拭表面，这样只剩下一层薄薄的油（油太多会导致淀粉浆起泡，很难粘在一起）。用中高火加热锅，直到你把手放在锅上时感觉很暖和，然后把饺子面朝上，做成向日葵/小齿轮的形状——你可能可以一次把所有饺子都放进锅里，但不必担心。只需注意确保所有的饺子互相依偎在一起，没有间隙，否则

当你把它们从锅里拿出来的时候，会有折断“翅膀”的危险。

饺子煎1分钟。把玉米粉浆充分搅拌，将任何可能已经沉淀到底部的东西搅匀，然后将3～4汤匙的淀粉浆倒入锅中。淀粉浆应完全覆盖锅底，并包围所有的饺子。立即在平底锅上盖上盖子，把火调高，蒸3分钟。取下盖子，继续煎煮，让所有水分蒸发。当平底锅完全干燥时，应该已经形成了一层薄薄的薄皮——你可以知道什么时候完成，因为它的任何部分都不会继续冒泡，而且薄皮会从平底锅的边缘略微卷曲。

上菜时，最好在煎锅（平底锅）里放一个盘子，这样它就可以放在锅里的饺子上面。将盘子倒置放在饺子面上，然后小心地翻转盘子和锅，小心地把锅移走。如果运气好的话，你会吃到一盘美味的冰花饺子。享受热腾腾的庆祝酒，然后锻炼自己，定期做更多——这些都会很受欢迎！

寻味指南
Dailian 大連 Azabu Juban，〒106-0045，asian-table.jp

“春木屋”（HARUKIYA）风格的老式东京酱油拉面

就像世界上许多最受喜爱的菜肴一样，拉面的起源也是一个关于艰辛的故事。拉面最初是被日本人边缘化的中国移民社区的主食，后来受到更广泛的日本人的欢迎——然后是整个世界——部分原因是它令人难以置信的高满意度与性价比。

我最近又看了1985年经典的西部拉面电影《坦波波》（*Tampopo*）。这是一部关于食物及其如何影响和连系我们的美丽电影，故事围绕着一位单身母亲，她努力完善她的拉面，精明的约翰韦恩式卡车司机成为了她的导师。她为拉面付出的努力是深深影响着我的，尤其是如果你碰巧自己经营一家拉面店：这是一个充满了忍耐、情感摧残和考验的努力，在坦波波的故事中有很多东西值得一提，但最让我印象深刻的是我最后一次看到他们提到的拉面价格：400日元。那是在1985年，你仍然可以用600日元得到一碗非常体面的拉面！对我来说，这是件很美好的事情，不仅仅因为我是个小气鬼。做这么好吃、有营养、能充饥、又实惠的东西，只能靠爱的劳动。我是说，你怎么能指望从骨头、水、面粉和一些简单的调味品和配料中得到这么多的味道呢？拉面是一种魔法。

这个食谱是根据在“春木屋”（HarukiYa）发现的拉面制作的，“春木屋”（HarukiYa）是一家传奇的拉面店，自1954年以来一直在叫作“荻洼”（Ogikubo）的东京西部地区营业。他们的拉面在我看来，仍然是经典的东京式酱油拉面中最好的例子——一种以鸡肉和猪肉骨头为基础的清淡而丰盛的肉汤，上面闪烁着鸡脂滴，用酱油和沙丁鱼干调味，里面填满了波状面条、瘦肉和一些传统配料。像所有好的拉面一样，这个食谱制作需要时间，但最终的结果远远超过了它付出的各个部分的总和。为你爱的人做吧——即使那个人是你自己。

制作4份拉面

肉汤配方

1.8升水

100克鸡爪

1个鸡架

6只鸡翅（整翅，不分段）

1个猪蹄，斩成块（请商贩告知怎么做）

20克沙丁鱼干，去除内脏和头部

1个洋葱，一切成4块

50克姜根，切片（无须削皮）

10克海带（约10厘米正方形），漂洗

10克日本木鱼

叉烧配方

4汤匙酱油

2汤匙淡软红糖

500克猪腰肉

准备

2汤匙深色酱油

3汤匙淡酱油

2汤匙味醂

1汤匙海盐片，或根据口味调整

4份中厚波状拉面（新鲜的最好）

80克笋干

2根香葱，切成薄片

1片海苔，切成4个正方形

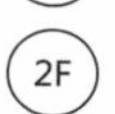

方法

制作肉汤时，将烤箱预热至120℃（250℉气体1/4）[1]。将水、鸡爪、鸡架、鸡翅、猪蹄、沙丁鱼干、洋葱和姜放入大锅或砂锅中。用中火慢慢煮至低沸点，当浮渣开始起泡时，将其撇去。炖半个小时左右，或者直到没有新的渣滓浮上水面，不断地撇去浮渣。加满水覆盖骨头，如果需要，盖上盖子或厨房锡箔纸，然后转移到烤箱。放在烤箱里煮5个小时。

把骨头去掉（如果你愿意的话，可以吃翅膀上的肉），把肉汤过细筛子。加入海带和日本木鱼，静置1小时。再次通过筛子过滤，总共需要1.4升的肉汤，因此只需根据需要加水即可。完全冷却后，去除肉汤表面的凝固脂肪并保留。用勺子舀出肉汤，转移到一个单独的容器中，底部留下的任何碎片弃去不用（肉汤应该很清）。

制作叉烧。将烤箱预热至140℃（275℉）。把酱油和糖搅在一起，直到糖溶化。在猪肉表面划一道划痕，将甜味酱油混合物擦满擦匀，然后转移到烤箱中烤至内部温度达到57℃（134℉）这不应超过30分钟（如果你没有探针温度计，戳一下猪肉——以仍然会感到相当柔软为准。记住，如果猪肉没有煮熟，你可以多煮一些时间，但是如果煮过头了，就没有回头路了。所以，根据经验，一旦你认为它可能好了，立刻把它拿出来）。把猪肉完全冷却。

上菜时，把肉汤炖一下，加入酱油、味醂和盐。根据你的喜好品尝来调整调味料。准备一个装满开水的大平底锅。把浇头猪肉切成薄片。将肉汤中的保留脂肪放在小平底锅或微波炉中融化。按照包装说明在开水里煮面条，按照包装说明用沸水煮面条，确保面条口感很好，沥干水分。把汤平分在四个碗里，然后把面条放进汤里。在每个碗的上面放一片叉烧、笋干、一些葱花和一两勺融化的脂肪。把海苔方块放在每个碗的侧面，稍微浸入肉汤中。享受滚烫的感觉，别忘了啜饮！

出版者注：

[1] 英美人常用烤箱为与燃气灶一体，此处气体指的是天然气，本书中其他烤箱温度单位同。

寻味指南

Harukiya 春木屋
Ogikubo, 〒167-0043, haruki-ya.co.jp

古札お納め所
古札
SOLVE

大胜轩（TAISHOKEN）
日式沾面

蘸酱面

4人份

几个世纪以来，乌冬面和荞麦面都使用蘸着酱汁的冷盘，但拉面直到20世纪70年代才得到同样的待遇。众所周知，“沾面”（蘸面）被广泛认为是拉面店厨师山崎步（Kazuo Yamagishi）的功劳，好奇的顾客注意到他在享受惯常的工作小吃后，会将蘸酱面作为特价品出售：卖剩的面条蘸上一杯拥有大量酱油的热汤。最终出现在菜单上的是一种被重建却又升级了的拉面：面条非常厚而且有劲道，冷却后放在一边以保持其质地，而肉汤则是丰富、浓密、饱含调味料的，其独特的风味成分组合包括糖、醋和各种鱼干。他开发的肉类和海鲜的混合物将被称为“双份汤”，这一趋势在21世纪初主导了东京拉面市场。“沾面”自身也大行其道，多年来涌现出数以千计的模仿者，在某种程度上，现在它被认为是自己独有的拉面类型，而不仅仅是一个独特的新奇事物本身。

对我来说，沾面（蘸酱面）很出色，因为它解决了很多拉面的常见问题。你不必担心面条会变软，因为它们没有泡在汤里。你不必担心会烫伤你的嘴，因为当你把冷面条蘸到热汤里时，温度是自然调节的。你不必担心配料会失去质地或新鲜度，或者被肉汤淹没，因为它们也可以放在一边食用。这真是一项伟大的发明。我其实是在2008年认识山崎步的——他当时坐在他原来的店外，和顾客握手，摆姿势拍照——但我真的不明白他当时有多传奇。他现在已然逝去，但如果你能在拉面天堂听到我的话，谢谢你，山崎步先生，给了我们所有人沾面（蘸酱面）的礼物。

肉汤配方

2.5升水，根据需要也可增加

1千克猪大腿骨（请商贩把它们纵向切成两半以便露出骨髓）

1个鸡架

1个猪蹄，切块（请商贩做）

50克鸡爪

50克鸡皮（请商贩做）

1根韭菜，切半

1个大洋葱，切半

1根胡萝卜，洗净并切成两半

1个蒜头，切半

40克沙丁鱼干，去除内脏和头部

50克姜根，切成薄片（无须削皮）

100克猪背脂肪，细细切碎

10克海带（约10厘米正方形），漂洗

20克日本木鱼

120毫升深色酱油（koikuchi）

2汤匙砂糖（特级）

2汤匙米醋

1/2茶匙胡椒粉

1/4茶匙日本或韩国辣椒粉

准备

4份拉面——你能找到的最厚的拉面

酱油，适量

4片叉烧（87页）

2个鸡蛋，煮熟，去皮，切成两半

80克笋干

2根香葱，切成薄片

4片旋涡鱼板

1/2片海苔，切成4个矩形

方法

制作肉汤。把水、猪骨、鸡架、猪蹄、鸡爪和鸡皮放在一个大锅里。用中火慢慢煮沸，当浮渣开始起泡时，将其撇去。炖半个小时左右，或者直到没有新的渣滓浮上水面，不断地撇去浮渣。加满水覆盖骨头，继续用高热煮沸3小时，必要时加满水，保持所有东西都被覆盖。

加入韭葱、洋葱、胡萝卜、大蒜、沙丁鱼干和生姜，将火调至中火，继续煮沸1小时，不要加满水。从火上取出，加入准备好的背部脂肪，然后加入海带和日本木鱼。静置1小时，将肉汤过筛并测量——你应该有1升的肉汤，因此根据需要，用煮沸的方法以减少液体，最后加入酱油、糖、醋、胡椒粉和辣椒粉搅拌至糖溶解。

上菜时，将面条煮至嫩滑，然后沥干水分，用冷水冲洗干净——你需要把所有的淀粉去掉，以免粘在一起。把面条分成4小碗。把肉汤烧开，尝一尝味道，一般要比普通的拉面肉汤咸一点，这样才能把面条适当调味，所以如果你觉得需要的话，可以多加一点酱油。为了确保肉汤尽可能热，在端上桌之前要把肉汤舀到不同的碗里，而大多数其他的店铺都会端上肉汤的配料——但我更喜欢把它们放在面条上。这取决于你，真的。吃的时候，用筷子夹一口面条，蘸一蘸，在肉汤里打滚，当所有的面条都吃完后，在剩下的肉汤里加入一点开水，将调味料稀释，喝下去。

寻味指南

Taishoken 大勝軒
Higashi Ikebukuro, 〒167-0043, tai-sho-ken.com

堺周
堺周
堺周

信
aurora
PREMIUM NORWEGIAN SALMON
NORWAY ROYAL SALMON
COMMITTED
BY NAME
72
LERØY SALMON
www.leroyseafood.com

二郎拉面

极丰盛的猪肉蔬菜拉面

你可曾听说过梦想做寿司的二郎，一个对自己手艺的执着追求使他成为一部纪录片主题的厨师？城里还有另一个二郎，他梦想吃拉面。

拉面二郎是东京的美食奇迹之一，对于拉面迷或其他对体验极端美食（和极端胃肠道）感兴趣的人来说，绝对是不可少的。拉面二郎在许多方面都是独一无二的——有人说它甚至不是拉面，而是一道独特的菜，叫作二郎——但也许它的典型特征仅仅是过度放纵。它在各个方面都有点过头了，对拉面更放纵的一面进行了歇斯底里的夸张讽刺：面条厚得吓人，有些奇怪的油腻，加大量味精和酱油调味，里面塞满了厚实、粗糙、滑溜的面条，高高堆放着名副其实的豆芽、卷心菜、蒜末和煮猪肉。这种拉面不会浪费时间，也不适合所有人。但是如果你能够忍受它（说实话，我很喜欢高脂肪的食物），你会得到一种近乎迷幻的拉面体验、令人眩晕的美味和深刻的满足感。你也会得到一个吃到肚子疼的奖励。

归根结底，二郎是一碗非常特别的拉面，值得其忠实的追随者崇拜和许多模仿者追随。如果你是那种永远找不到一碗足够丰富、足够大或足够咸的拉面来满足你的人，试试二郎拉面。至少，你不可能对此无动于衷。

这个食谱包括手工拉面，这需要甘遂。甘遂是碱水，类似于用来做椒盐卷饼的东西，赋予它们特有的红木颜色。在拉面中，它会改变面粉的物理性状，使成品面条具有其特有的“弹性”，这对正宗的拉面至关重要。你可以在亚洲超市或网上找到。

你将需要非常大的碗，以服务于二郎拉面——至少900毫升的容量。

2人份

底汤和叉烧的配方

2升水

500克猪脊骨，切成两半

500克猪大腿骨，切成两半

250克猪背部脂肪，或含有大量脂肪的猪皮

100克切碎（绞碎）猪肉

4汤匙酱油，根据口味再加点

1½汤匙味精

1½汤匙味醂，加上更多的味道

1个韭葱，切半

1根胡萝卜，去皮并切成两半

1个蒜头，切半

50克姜块，去皮切片

500克去皮猪项圈、颈部或肩部肉，卷制并捆扎好

面条配方

1茶匙碱水

1/4茶匙盐

120毫升水

240克普通（通用）面粉，

加上额外用作面扑的面粉

准备

100克背部脂肪，切成大块（可选）

300克豆芽

半颗尖头圆形卷心菜或扁卷心菜，切碎或撕碎

叉烧，切成约2厘米厚，保持温暖

8～10个蒜瓣（或更多），切碎

方法

做肉汤时，把水、猪骨、背脂和猪肉放在一个大锅里。用中火慢慢煮沸，当浮渣开始起泡时，将其撇去。炖半个小时左右，或者直到没有新的渣滓浮上水面，不断地撇去浮渣。把水加满盖住骨头，继续炖3个小时，必要时加满水，把所有东西都盖住。

3小时后，加入酱油、味精、味醂、韭菜、胡萝卜、大蒜、生姜和猪肉，继续煮，确保此时肉汤只需轻轻炖一下，这样叉烧就不会变硬。再炖大约半个小时，直到叉烧变软（你需要能够很容易地咬进去，所以要确保它很软），然后取出。将肉汤通过筛子过滤后并测量它——你应该有大约960毫升的肉汤，所以根据需要煮沸以浓缩汤汁。尝尝肉汤，如果你喜欢的话，可多加些酱油或味醂。

做面条时，将碱水、盐和水混合搅拌至盐溶解。用勺子将液体倒入碗里的面粉中，直到形成松散的面包屑状，然后将面包屑状面团揉在一起形成一个球。用一块湿布盖住面团，静置饧发半小时，然后用力揉面——你可以用擀面杖敲打面团数次，或者你也可以把面团放进一个非常结实的塑料袋里，用你的脚踩在上面（你需要把面团中的面筋搅拌得非常紧实和光滑）。当面团聚在一起时，用面团压面机把它擀成一团——起初，面团会碎裂，很难压成一团，但你越是通过机器压制，面团就会变得更结实、更柔顺。每次都把面团折叠起来，不停地滚动，直到面团变成一张结实的纸一样。继续滚动，调整压面机直到面团压至3毫米厚。把面团放在3毫米档位压制成扁面条，在面条上撒一点面粉，以免粘在一起。

上菜时，把肉汤和一大锅水烧开。如果你用猪背部脂肪做配料，把它放在肉汤里，在你准备其他配料时让它煮至沸腾。将豆芽和卷心菜放入肉汤中煮约1分钟，然后取出（用面条篮或深筛）。把面条煮得嫩一点，但还是要有足够的咬劲——因为面条很厚，这可能需要2～3分钟。同时，把肉汤分两碗。把面条排干，放到肉汤里。上面放豆芽、卷心菜、叉烧、背脂（如果使用）和大蒜末。

二郎拉面选用的面条非常独特，呈厚切、坚硬和略弯曲状。这可能导致很难找到合适的面条，所以特意奉上食谱。如果怕麻烦，也可以选择能找到的最厚实的拉面代替。

福川米饭

蛤蜊味噌汤饭

福川（Fukagawa）是东京东部一个古老的工薪阶层社区，其名字的字面意思是“深河”——这是对这道菜的一个令人回味的描述，其特点是大量的浅利蛤蜊。传说在古代的江户时期，蛤蜊丰富而且价格便宜，所以这成为了渔夫和商人们的一顿大餐，他们生活在市场和码头之间。尽管在日本其他地区（甚至是东京）很少见到，但它仍是一个受人喜爱的街区，在宁静的“清澄白河”（Kiyosumi-Shirakawa）地区有许多专卖店。不难看出为什么——这些肉多的蛤蜊和香浓可口的肉汤让人感觉非常舒服，就像喝一碗食杂烩版的蛤蜊杂烩汤。

2人份

100毫升清酒

半根韭菜（白色部分），切成薄片

10克姜块，去皮并切碎

200克金针菇，切碎

300克新鲜小蛤蜊，如小帘蛤、地毯壳、浅利蛤蜊或鸟蛤，清洁过的

500毫升日式高汤

1汤匙味醂

1茶匙酱油

20克味噌

200克米饭

2个蛋黄（可选）

1/2片海苔，切成细丝（或几小撮海苔末）

方法

把清酒放在带盖子的平底锅里煮。加入韭菜、生姜和金针菇，炖几分钟，然后加入蛤蜊，盖上锅盖。蒸3分钟直到蛤蜊打开。滤干并保留液体，然后从贝壳中取出所有的肉和蔬菜碎片，并保留。加入日式高汤、味醂和酱油，量出260毫升。把味噌拌入剩下的汤里。按照第26页的说明煮饭，用量好的肉汤代替水。米饭做好后，把一半的蛤蜊肉和蔬菜拌入米饭中。把米饭舀到深碗里，再放上剩下的另一半蛤蜊和蔬菜。在上面放上蛋黄（如果使用的话）和切碎的海苔，把味噌汤放在另一个碗里。配上一份佃煮（第109页）和各种泡菜。

寻味指南

Fukagawa Kamasho 深川釜匠 深川釜匠
Kiyosumi-Shirakawa, 〒135-0021

柳川锅

泥鳅或牛蒡鸡蛋牛肉火锅

谈论东京的自然特征有点奇怪，因为它几乎没有任何自然特征。即使是东京的海湾和河流，多年来也已完全屈从于人民的意愿。但如果不完全被捕捞的话，这些海湾和河流仍然是各种水生动植物的家园，其中许多是可食用的。在东京的水路上，一种更容易找到的动物是“Dojo”，或称池塘泥鳅，它看起来像蠕动的小鳗鱼，但实际上与鲤鱼或鲶鱼的关系更为密切。它们有点像泰晤士河上的鳗鱼——由于其虫蛀的外表和泥土的味道，它们不是最受欢迎的食物，但却很有代表性，尤其受当地老年人的欢迎。Dojo可以烤，就像鳗鱼一样，但它们更常见于一种叫泥鳅火锅（Dozeu nabe）或泥鳅味噌汤（Yanagawa）的两种不同的火锅中——“Dozeu”是泥鳅（“Dojo”）的本地发音，而柳川（“Yanagawa”）这个名字的起源并不是很清楚，但可能是19世纪开始销售它的几个不同商店之一的名字。

泥鳅火锅很简单，就是整个泥鳅在甜酱油和日式高汤中煮，上面放着大葱，而泥鳅味噌汤则稍微奢侈一些；泥鳅在烹调前会去骨并涂上黄油，这道菜包括去皮的牛蒡和去壳的鸡蛋，有时还会用日本草药鸭儿芹装饰。这两道菜都没什么能掩盖泥鳅的泥腥味道，但好消息是，你根本不用用泥鳅做柳川菜（无论如何，你可能买不到；即使在东京，它们也不常见）。从那时起，泥鳅味噌汤就成了任何用酱油和味醂肉汤、牛蒡和鸡蛋烹制的火锅的通用术语，现在甚至用牛肉做火锅——牛肉很美味，但你也可以用其他味道丰富的鱼来代替泥鳅，如沙丁鱼、鲱鱼或鳗鱼。

4人份

20条泥鳅（池塘泥鳅），或者更有可能是16～20条沙丁鱼，去骨后抹黄油——或者你可以用大约400克便宜的瘦牛肉（如牛腩或臀部），切得很薄

100毫升清酒

2汤匙加1茶匙米醋

1/2根牛蒡根，洗干净

1小束（约100克）韭菜，切成约3厘米（1英寸）长

250毫升调制的日式高汤

50毫升酱油

1茶匙味醂

1汤匙（精）白砂糖

4个鸡蛋

七味粉，适当调味

方法

如果你用的是泥鳅或沙丁鱼，把它们放入一半的清酒中浸泡半小时左右。然后放在排水口，用大量的冷水冲洗去清酒味。准备一碗清水，加入2汤匙醋。把牛蒡根削皮，切成细屑——日本的做法是把刀锋拿开，像削矛或削铅笔一样把牛蒡根割下来。把刨花放在加醋的水中，防止它们变色。

将日式高汤放入火锅或防爆砂锅中，用文火炖。加入剩下的50毫升清酒，1茶匙醋、酱油、味醂和糖。加入刮好的牛蒡，盖上锅盖，煮5分钟左右，直到牛蒡变软，然后加入泥鳅/沙丁鱼/牛肉，盖上锅盖，再煮5分钟。加入韭菜，然后加入鸡蛋，把蛋黄打入肉汤中，稍微搅拌一下。撒上七味粉，配上几碗米饭。

寻味指南
Iidaya　飯田屋 Asakusa, 〒111-0035, asakusa-ryoin.jp/iidaya/

古書
地球堂
地球堂
書店
みちのく

阿格曼茹（Agemanju）

油炸甜馅饺子

浅草区有一个叫仲见世街（Nakamise Dori）的地方，这是一条通向著名的神智寺的风雷神门（Kaminarimon）的购物街，我个人非常不喜欢东京的这条旅游街。无论是从国外还是从日本其他地方来的人，总是满口胡言乱语。大多数商店都出售令人毛骨悚然的“古怪的日式”纪念品，如哥斯拉雕像、廉价的塑料幸运猫、箱式和服，写着“洋鬼子”或“找日本女朋友”之类令人讨厌的话的头巾和T恤。但是，沿着仲见世街也有一些宝藏店铺：一家很棒的手工筷子精品店；一家出售日本古董印刷品的商店；一个用日本纸和印刷品制作漂亮扇子的地方；还有一个最尽头卖阿格曼茹的摊位。阿格曼茹是一种用淡天妇罗面糊炸的甜馅饺子。从煎锅里拿出一个，热气腾腾的，再从隔壁的小摊上拿一瓶弹珠汽水，站在风雷神门著名的红灯笼旁静静发呆，一边享用小吃，一边闻着寺庙里飘来的香，这可能是旅游胜地，也可能是垃圾，但对我来说，这是东京必不可少的体验。

这个阿格曼茹食谱是用甜红豆糊做的，但是你可以用其他各种馅料来做——甜绿皮南瓜（kabocha）是我最喜欢的。理想情况下，使用探针温度计进行此配方。

制作8个饺子

面团配方

80毫升牛奶

200克普通（通用）面粉

2汤匙砂糖（特级）

1茶匙发酵粉

1茶匙植物油

500克甜红豆酱

面糊配方

80克普通（通用）面粉

20克玉米粉（玉米淀粉）或土豆淀粉

1茶匙发酵粉

1撮盐

90毫升冷起泡水

油炸用油

方法

把牛奶、面粉、糖、发酵粉和植物油搅拌在一起，直到形成一个柔软的面团。揉几次，然后分成8块，每块擀成直径约9厘米的圆形面皮。在每块面皮的中间放1大勺豆沙，然后把面团绕在豆沙周围捏紧密封。冷藏至少30分钟。同时，将普通面粉、玉米粉或马铃薯淀粉、发酵粉和盐搅拌在一起，然后加入起泡的水，保持面糊略稠，这将有助于使外皮变酥和能够形成蕾丝花边。

将油炸用油加热至180℃（350℉）。如果你没有温度计，只需在油里滴几滴面糊就可以了。如果面糊沉了，就太冷了。如果面糊立即浮起来发出嘶嘶声，那就太热了。如果面糊刚好在油的表面下下沉，然后上升并开始嘶嘶作响，那应该是完美的。将豆馅水饺蘸上面糊，然后炸6分钟左右，在烹调过程中翻一翻，直到外皮变硬，呈淡金黄色。用纸巾吸干油分，趁热食用。

寻味指南
Asakusa Kokonoe 浅草九重 Asakusa, 〒111-0032, agemanju.jp

福神渍

甜咸七菜泡菜

这些泡菜的果酱味和甜味使它们几乎像一种日本酸辣酱——这也许就是为什么它们最常和一大盘咖喱饭一起被发现的原因。他们确实是一个相当完美的伴侣——松脆和温和，以对抗日本咖喱的柔软和香气。“福晋”这个名字是指日本神话中的“七大幸运神”，有几个故事可以解释这些简单的泡菜是如何得名的。但我最喜欢的一个说法是，江户时代的讽刺作家白泰金加（Baitei Kinga）认为泡菜味道很好，令人满意，即使只吃一碗米饭，其他任何东西都不加，都会让人觉得富有——就好像七位幸运的神来拜访过一样。但事实上，这个名字很可能来自东京最早开始销售它的商店或寺庙之一，也可能只是对其传统上包含七种主要成分的一种奇特的呼应：白萝卜、茄子、黄瓜、剑豆、莲藕、紫苏叶和香菇。

福神渍通常被染成红色，或者是用紫色的紫苏叶、甜菜根，或者是使用人工色素。如果你愿意的话，可以随便加上这些，但对我来说它们不是必要的。

半截茄子，顺长切开

5厘米莲藕块，去皮

半根黄瓜

100克白萝卜，去皮

50克香菇，去梗

50克嫩豌豆（雪豆）

盐

10片紫苏叶（如果你能弄到紫色的），粗粗地撕碎

100毫升酱油

80毫升清酒

1汤匙米醋

1汤匙味醂

1茶匙砂糖（超细）

1茶匙白芝麻

方法

把茄子纵向切成两半，这样你就有了两个长长的三角形棱柱。把莲藕、黄瓜和白萝卜切成两半，做成半圆形。把所有的蔬菜切成薄片，除了嫩豌豆，大约2～3毫米厚（你也许会需要一把曼陀林）。把嫩豌豆切成一半。

把切好的蔬菜放在一个大碗里放盐拌匀，然后静置半个小时——它们应该已经枯萎变软了。把蔬菜放在冷水里漂洗，直到它们尝起来不再咸为止。把紫苏叶、酱油、清酒、醋、味醂、糖和芝麻放在平底锅里煮开。加入蔬菜并煮沸，直到液体浓缩至非常稠厚的汁，并频繁搅拌——这应该是一个非常快速的烹饪过程，这样蔬菜可以保持他们脆脆的口感。上菜前，从锅中取出并充分冷却。

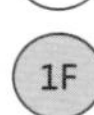

烤鸡肉串

烤鸡

我经常考虑在不同的城市提供嗅觉旅游。例如，在伦敦，你可以在唐人街转悠，闻到令人陶醉的五香炖肉、辛辣的四川火锅底汤和新鲜的广东黄油蛋糕。在洛杉矶，你可以享受韩国烧烤店的辣椒和木炭的香味，玉米卷卡车上的猪油和酸橙的香味，当然还有洛杉矶交通中无处不在的汽车尾气。在东京，你可以闻到各种各样的味道，但也许最常见的是，又苦又甜的烤鸡肉串的烟雾，它似乎从几乎每一条后街上滚滚而来。

毫无疑问，烤鸡肉串是一种简陋、随意的食物，但它蕴含着一定程度的工艺水平，从敷衍到完美主义不等。和寿司一样，烤鸡肉串更多的是关于技术而不是具体的食谱，所以下面是一些准备典型的日式烧烤的一般指南，以及一些调味品的建议。烤架下的烤鸡肉串已经做得很好了，但对我来说，没有什么意义，除非你是在木炭上做的——烟和炭是味道的关键部分，但在家里搭建一个临时的烤鸡肉串设施是相当容易的——你只需要在热煤上搭建两排砖，分开放置，把肉串的两端放在砖上，把肉挂在火上烤。和所有的烤肉一样，你需要在煤中设置冷热区来调节烹饪，这样某些鸡肉切块在煮熟之前就不会燃烧；你可以在一边简单地将木炭堆得更深，或者将较冷的灰烬移到一边，同时周期性地向另一边添加更多新鲜的木炭来达到这一目的。

寻味指南
Tori-shiki 鳥しき Meguro, 〒141-0021

要尝试的几个关键类型的烤鸡肉串：

鸡葱串

大块的鸡大腿与大块的洋葱交织在一起，切成同样大小。其实我更喜欢用韭菜来做这个，因为英国的洋葱往往有点太过瘦削和空心，做不出一个令人满意的串。把这些放在烤架较冷的地方，使洋葱变软，然后把大腿烤透，然后再把它们移到热的地方，使鸡皮、洋葱皮变脆并烧焦黄。

鸡肉丸烤串

准备鸡肉丸子或肉饼。最好是用粗切碎的鸡肉（通常用切肉刀手工剁碎）制成，并加入大量大蒜、姜、白胡椒和洋葱调味。有些鸡肉丸会使用黏合剂，如马铃薯淀粉或鸡蛋，但我认为这些是不必要的，也会产生一个不好的纹理。只需将鸡肉切碎（搅打碎）（腿肉效果最好，但你也可以把从鸡身上刮下来的任何一小块肉混合在一起）就足够让它粘在一起，然后把它做成肉丸或粘在烤串上。然后用中等的炭火烤制。

鸡背烤串

这种毫不费力做出的美味鸡肉串，往往成为最容易被忽略的炸鸡乐趣。鸡背肉是一种懒洋洋的肌肉，有点像挂在大腿关节上方的禽类的背部，它非常多汁，味道鲜美，所以用高温烹饪使皮酥脆，你就可以开始吃了。每只鸡身上只有两块鸡背肉，所以如果你准备用整只鸡做烤鸡肉串的时候，可以把它们藏起来留给你自己，或者是你真正爱的人。

鸡心烤串

鸡心富含浓烈的深色肉的口感，但由于是一块“勤劳”的肌肉，所以味道没有其他鸡杂那么丰富。这使得它们最适合快速加热烹调，外部被炭化，而内部保持微粉红色和嫩度。

鸡肝烤串

味道浓郁且口感富有层次，最适合在火热的炭块上烧烤，外面焦化而中间不会变干。去掉它们的肌腱，再配上浓郁的调味品，如甜酱油、姜末、柚子酱或梅子酱。

鸡翅/鸡翅根烤串

作为最美味的部分之一，鸡翅之于烤鸡肉串的处理过程就像是加工整个鸡的缩影，融合了脂肪、皮肤、白肉、黑肉和软骨。通常情况下，只针对鸡翼的两个“主要”关节——这也是最重要的关节，而不是翼尖。鸡翅（Tebasaki）是中间关节，鸡翅根（Tebamoto）是肩关节或鼓槌。它们被串在两个叉子上，展开鸡皮，然后在中低温下烤制，在鸡皮慢慢变脆时，同时嫩化结缔组织。

鸡屁股烤串

这是鸡的尾巴，或称“牧师的鼻子”，严格来说是给那些喜欢吃鸡肉脂肪的人食用的，因为它富含脂肪；鸡屁股也含有一点骨头和软骨，你可以狼吞虎咽，或者细嚼慢咽。这些应该在中低温下烧烤，使皮肤酥脆又不至于不烧焦。

鸡皮烤串

鸡皮能做出令人惊叹的烤鸡肉串，但它需要一只熟练的手在烤架上烤制；你必须在不烧焦的情况下把皮肤上的脂肪和水分散发出来，这是相当棘手的，因为当脂肪滴到下面的煤上时，它会产生很多火光。这个过程蛮有欺骗性，我总是在烤箱或煎锅（平底锅）中预先渲染鸡皮，然后放在烤架上烤。再把它放在中低温下，频繁地转动，直到它变成金棕色，外面脆，里面仍然多汁。

一旦你决定了要准备什么样的酱料，你就必须选择调味料，通常有两种选择：一种是上色的甜酱油（老抽），或者只是盐。你怎么选择取决于你自己，但是大多数人喜欢吃味道更丰富的部分，比如肝脏、大腿和鸡翅根；而盐是用来做那些味道更清淡、更甜的肉块，比如较紧实的翅膀或者心脏。但实际上，选择权在你。顺便说一下，如果你使用盐，我强烈建议你使用日本所谓的“调味盐”：味精。味精是一种很好的调味品，可以增加鸡的味道，因为它能提取出甜味和鲜味（不必担心你没听说过，它是完全无害的）。我还喜欢盐味的烤鸡肉串，配上很多磨细的白胡椒粉和一点点柠檬调味。

下面是制作烤鸡肉串的一个非常基本的配方，但是你可以根据自己的喜好随意调整——用更多的酱油调味；用玉米粉或土豆淀粉调味；用糖调味；用清酒调味；或者用醋调味。比较常见的做法是用味醂来做皮，但我更喜欢蜂蜜，因为它味道比较浓，而且有一种很好的香味。

多用途烤鸡肉串

足够制作大约12～15支烤鸡肉串

3汤匙砂糖（特级）
1汤匙蜂蜜
3汤匙清酒
1汤匙酱油
1汤匙猪排酱或番茄酱
1/4茶匙日式高汤粉
1/4茶匙胡椒粉

方法

把糖和蜂蜜放在一个小平底锅里，用中低火煮，直到糖融化，混合物开始焦糖化。加入清酒和酱油煮沸，搅拌使糖溶解。然后加入猪排酱、日式高汤粉和胡椒粉。继续用中火烹调，直到混合物变稠，形成薄薄的糖浆。

猪排

炸猪排

猪排主要与鹿儿岛等以猪肉闻名的地区联系在一起，但东京仍然是尝试这道典型的日式西餐的最佳地点之一。东京的炸猪排厨师可以像寿司厨师一样专注，不遗余力地确保这种波士顿炸肉排的每一个元素都是完美的：猪肉、锅、油、酱汁和装饰品，甚至用于平底锅的面粉和鸡蛋都是精心挑选的，结果往往令人叹为观止。

所有的猪排食谱基本上都是一样的——猪肉，面包屑，油炸——所以做一个好的食谱真的是要选择最好的食材，并精心烹调。大多数的猪排有两种不同的部位：里脊肉（嫩腰部）或腰部。不管怎样，你都需要用非常好的猪肉。选择一个以味道和大理石般的花纹闻名的品种，如巴克夏猪、日本黑豚肉、塔姆沃思猪、罕见的卷毛猪或杜洛克猪。无论你选择什么，都要确保肉是红色或深粉色（不是淡粉色，更不能是白色），而且整个肌肉都有很多脂肪。一些商贩现在出售老猪肉，这将提供极好的风味和嫩度。

面粉应选用高筋面粉，它比普通面粉具有更好的黏合性，而日式面包糠也很重要。就像长碎片但不厚实的面包糠一样，大而厚的面包糠会坚硬而致密，而长而薄的面包糠会发光而清脆可口。油应该是干净和中性的，像葵花籽油或菜籽油。

然后就是烹饪。许多食谱建议将猪排放在温度低于100℃（212℉）的油中煎炸，然后在高温下完成，以获得颜色和脆度。我理解这背后的原因（较低、较慢的烹调速度意味着蒸发损失的水分更少，如果没有煮过头，肉会保持更多的汁液和嫩度），但低温煎炸往往会使面包糠吸收更多的油。永远记住，未熟透的肉可以继续炸制，但炸过头的肉性状是不可改变的。也要记住，不管你妈妈怎么说，如果猪肉还是有一点粉红色的话，吃起来是非常安全的（而且也非常美味）。

在调查东京的猪排餐厅时，我偶然发现了高田马场一家叫顿田的餐厅，据说那里的猪排非常好吃，不需要酱汁。这也许是在制作猪排时要达到的最佳基准（话又说回来，猪排酱很好吃）。

你需要一个探针温度计。

制作2片猪排

400克品质上乘，大理石花纹，无皮无骨猪腰肉，切成两片，最小厚度2厘米（3/4英寸）

盐，适量

1个鸡蛋

1汤匙植物油，或加上更多用于油炸

大约25克高筋面包粉，根据需要调整

150克轻、长、优质面包糠（或更多，根据需要调整）

1/4尖圆头卷心菜或类似的甜卷心菜，切细丝

猪排酱（可选）

方法

把每一块肉片用盐充分调味，然后揉进肉里。如果你有时间，让猪肉松弛1个小时（或过夜），这样盐才能真正渗透到肉里。将植物油加入鸡蛋内搅打均匀——这有助于在肉片周围形成一个防水的屏障，吸收水分。把肉排放在面粉里，然后浸在鸡蛋混合物里。把猪肉放在鸡蛋里几分钟，这样面粉就可以吸收鸡蛋，形成一种薄膜，然后再在面包糠里进行裹粘，确保肉片被彻底完全包裹住。把油加热到160℃（320℉），然后把猪肉放进去炸5～6分钟。探测肉的中心——当温度约为60℃（140℉）时，从火中取出，用厨房纸巾吸干，并在金属架上放置至少5分钟。切成筷子粗的片。如果你喜欢的话，可以搭配卷心菜和猪排酱一起吃。

寻味指南
Butagumi 豚組 Roppongi, 〒106-0031, butagumi.com

銀　座
Ginza

佃煮

海菜甜酱

佃煮是一种神奇的日本调味料，它能用不起眼的配料带来极大的风味，这种调味料你只需要一小匙就可以调味整碗米饭。它是一个古老的江户特色菜，起源于东京湾附近的渔业社区，佃煮由于佃岛而得名，早期渔民们开始在佃岛保存海菜和小海生动物，以便在出海时与大米饭一起食用，或者在恶劣的天气导致捕获量不足时有东西吃和卖。他们过去的艰辛是我们今天的收获，因为佃煮是美味的：令人难以置信的甜、咸、鱼味和鲜美，完美的日式饭团馅料（第46页）或作为一个小配菜与其他零食，与啤酒或清酒搭配。

常见的佃煮食材包括干沙丁鱼、鳗鱼、小蛤蜊、蘑菇、裙带菜，在某些地区还包括蝗虫或蜜蜂幼虫，但这是一个基本的食谱，使用的是从制作日式高汤中取出的用过的海带和日本木鱼（第184页）。不过，你想用什么就用什么——不管用什么方法都一样。

份量足够搭配4个饭团/碗米饭/小菜

从日式高汤制作中涨发的海带和日本木鱼（第184页）

150毫升水

1汤匙砂糖（超细）

1汤匙酱油

1茶匙味醂

1茶匙米醋

1茶匙清酒

2茶匙日式高汤粉

10～12片紫苏叶子，粗粗地切碎，或2茶匙拌饭香松（紫苏风味）

2茶匙白芝麻

方法

将海带切成细丝，然后把日本木鱼切碎。将水、糖、酱油、味醂、醋、清酒和日式高汤粉放入平底锅中煮沸，然后继续煮，直到液体变成很厚的味汁。这可能需要20～40分钟，所以这时要改用小火，以防止它烧焦，并保持定期搅拌。然后加入紫苏或拌饭香松和白芝麻。继续烹调，同时频繁搅拌，直到液体浓缩至非常厚的味汁，即蜂蜜的稠度。使用前请完全冷却。

TOKYO

东京地

2

章鱼

ATIONAL

方美食

章鱼小丸子

2F

TOKYO NATIONAL

日本特色菜

我在日本旅行时最喜欢的一件事就是尝遍当地的特色菜；每个地区、每个县、每个大城市和每个小镇似乎都至少有一件他们出名的东西，无论是一种奇怪的海洋生物、令人愉快的当地烈酒，还是一种有奥巴马总统脸的饼干（请自行谷歌搜索）。

东京并不是因为它的本地食物而闻名，主要是因为它并不需要：除了一些极特殊的东西，它什么都有。其中包括从日本其他地区引进的食品。虽然单独访问东京永远不可能和全程游览群岛一样，但在那里你可以品尝到各种各样的地方美食，包括来自日本最偏远的周边地区的美食，如冲绳。有些食物在原产地之外是极其罕见的，所以如果你想品尝一下日本的一些更深层次的美食，那么这绝对值得一试。不用离开东京就可以去日本旅游！

TOKYO NATIONAL

宫崎风格
柚子酱

盐渍柚子辣椒酱

在东京的餐馆里可以找到一些当地的日本特色菜，但在商店里你更可能遇到其他的日本特色菜。像法国的葡萄酒和奶酪一样，日本某些地区的产品也会变得非常有名和受人尊敬，以至于该地区本身就成为一种品牌。其中一个地区是宫崎县，这是九州的一个县，以盛产鱼肚、鸡肉和热带水果闻名。宫崎菜很受欢迎，事实上，当地政府已经在新宿开了一家宫崎杂货店。在那里你会发现各种各样的美味和不起眼的东西，包括各种各样的鱼子酱，用辣椒、柚子皮和盐捣成的调味品。这种辛辣的酱在日本以外并不特别出名，但确实深得英国厨师和美食家崇拜，而且很受欢迎——用盐保存柚子的果皮是捕捉其独特香味的最好方法之一，而辣椒又增加了另一层复杂的味道，让人想起香菜（芫荽）。柚子酱中的盐和香料使其味道非常浓烈，你只需要使用一点就可以给一碗拉面或火锅调味。在蛋黄酱的搅拌下，它还可以做出一个奇妙的多功能蘸酱。

日本任何一家超市都有柚子酱，但它更适合在家做起，如果你自己做，你可以随意调整口味。在我的餐厅，我们用苏格兰软帽辣椒来制作柚子酱，这使得它散发出超级辣味和难以置信的水果味。但我也做了一种无辣椒的柚子酱，我称之为“柚子无辣酱”，它能在不加热的情况下提供最大的柚子风味。所以你可以自己做这个食谱。另外，如果你得不到柚子皮，你可以用任何其他柑橘皮代替，这是一个很好的方法来消除厨房的一点厨余料——只要是酸橙/柠檬/葡萄柚/橘子皮，用刀修去皮内的白色瓤部分，然后继续用那些代替食谱中的柚子皮。

制作大约一瓶150毫升酱

100克柚子果皮，用刀修去皮内的白色瓤部分，（如果你拿不到新鲜水果，可以用冷冻柚子果皮，但不能烘干），切碎

8克辣椒，粗粗地切碎（先吃一些不太辣的东西，比如墨西哥辣椒，里面有种子，如果你想吃得辣一点，你可以吃更浓的辣椒，比如塞拉诺辣椒、手指辣椒、鸟眼辣椒或哈巴内罗辣椒）

6克盐

方法

把柚子皮、辣椒和盐放在碗里拌匀。让它静置半个小时，让盐渗透并软化水果皮。转移到研钵或食品加工机上，捣碎/研磨/加工成糊状物（它应该相当光滑；有一些碎块可以，但块不宜太大）。装入瓶中，将保鲜膜（塑料薄膜）压在糊状物表面（如果暴露在空气中，可能会变质）。盖上盖子，在室温下放置一周发酵；当颜色变暗，味道明显变得更加醇厚、香甜时，柚子酱就可以使用了。在冰箱里可保存3个月。

札幌风味
奶油玉米味噌拉面

毫无疑问，东京的拉面是非常棒的（更多信息，请参见第87页的东京老字号“春木屋”东京酱油拉面，第90页的“日式沾面（蘸酱面）”，第95页的“二郎拉面”，以及第239页的“柠檬清汤拉面”）。但拉面是日本美食中最多样化的菜肴之一，如果你是一个真正的拉面人，你会想从首都以外的地方寻找一些拉面品种，比如来自久留米市（Kurume）的OG豚骨拉面，来自喜多方市（Kitakata）的肥沃波浪面，或者在名古屋发现的浓重台湾风味。幸运的是，日本许多“最受欢迎”的拉面实际上在东京都有很好的代表，我特别推荐尝试的一种是札幌的味噌拉面，这种面上面涂有黄油和玉米。黄油和玉米听起来可能有点奇怪，但它们都是北海道久负盛名的产品，在那里，北欧式的农业从19世纪末就开始了。但比它们的历史更重要的是它们的味道；黄油和甜玉米是味噌拉面的完美补充，提供了一种可爱的甜味和质感，以突出浓烈的肉汤和耐嚼面条的味道。

4人份

肉汤配方

1.2升未经调味的优质鸡肉或猪肉肉汤（请不要使用底汤块调料——如果您是从零开始制作肉汤，请尝试87、95或239页上的食谱）

10克干蘑菇（香菇、牛肝菌或任何种类的都可以），必要时清洗

80克味噌（如果可以的话，可以用红味噌或大麦味噌）

肉制作配方

8根香葱（大葱）

2汤匙油，根据需要添加

4个蒜瓣，切成薄片

190～200克甜玉米罐头，滤去水

250克比较肥的剁碎（绞碎）猪肉

1/2汤匙白芝麻，烤至深金黄色

1/4茶匙黑胡椒或白胡椒

40克味噌

浇头配方

1/4颗尖头圆形卷心菜或类似的甜卷心菜，去芯，粗粗地切碎

150克豆芽

2茶匙芝麻油

4份波状中厚拉面（速溶可以；干燥更好；新鲜最佳）

8片叉烧（87页）

50～60克黄油，切成4片

寻味指南
Ramen Kitanodaichi ラーメン北の大地 Shinjuku, 〒 160-0022, ramen-kitanodaichi.jp

方法

把肉汤和蘑菇混合，用文火炖。把蘑菇放在肉汤中浸泡10分钟，然后用开槽勺子按着或挤干后取出。将味噌加入锅中，搅拌溶解。将涨发后的蘑菇大致切碎，肉汤放在小火上煮到可以使用为止。

把葱的绿色部分切成葱花，放在一边，然后把白色部分粗切碎。将油倒入煎锅（平底锅）中，加入蒜片，然后中低火，让蒜慢慢煎至色泽金黄酥脆（不要让油太烫，否则蒜会在变脆前烧焦——慢慢来）。用开槽勺将大蒜片从油中取出，用纸巾吸干油分。将平底锅放回中高火，加入甜玉米，炒至黄褐色，然后用开槽勺取出备用。如果此时平底锅是干的，再加一点油，重新加热至高温状态，加入葱白，炒至变色。加入猪肉、芝麻、胡椒、味噌和蘑菇碎，炒大约10分钟，直到猪肉煮透并略微变黄，确保在你离开的时候把大块的肉或味噌打碎。从火中取出平底锅。

同时，在一个单独的平底锅中加入大约2升的水烧开。将卷心菜和豆芽在沸水中烫30～60秒，然后用开槽勺或筛子捞出，转移到碗里，再加入芝麻油拌匀。根据包装说明在水中煮面条——这应该不超过5分钟，可能要少得多，这取决于制造商。面条煮的时候，先把味噌鸡汤搅拌一下，然后用勺子盛进深碗里，把面条沥干水分，放到热汤里，然后在上面放上猪肉、卷心菜和豆芽、葱花、甜玉米、蒜片、叉烧，最后，上桌前，黄油不要完全融化。喝一杯冰镇札幌啤酒，享受滚烫的感觉。

香川风味乌冬面

乌冬面在日本各地都很受欢迎，但出于某种原因，与拉面等其他面食相比，乌冬面的地域差异似乎更小。这可能是因为它被认为是一种更加传统的食物，因此在方法和顾客期望方面受到的限制较小。也可能是因为香川这个地区的乌冬面非常受欢迎，它完全主宰了乌冬面文化，不仅在日本，而且在全世界都享有盛誉，它的名字是：香川乌冬面（Kagawa udon）。

香川是日本四国的一个县，是日本四大岛中最小、人口最少的一个。香川乌冬面可能更常被称为赞岐乌冬面（Sanuki udon），它引用了香川古老的省名和传统的农产品，据说这些农产品使乌冬面如此特别：优质小麦、海盐、酱油和沙丁鱼干。而且这些关键的成分确实能制作出非常好的乌冬面，最好的乌冬面应该是清淡但令人满意的品质，肉汤清淡但富含鲜味，面条又浓又滑又柔顺。正如拉面有弹性，荞麦面有干净易碎的脆性，乌冬面据说有“韧性”，或劲道——一个令人愉快的生面团，其特性来自许多次的揉面，传统做法是用脚踩它。如果你手边有一个坚固、干净的塑料袋，那就试一试吧——这实际上是使面团产生面筋最简单的方法之一。另外，你可以使用搅拌机，或者用你的拳头反复捣揣面团，这是一个发泄你内心积累的正义的愤怒的很好方式。

4人份

面团配方

15克盐

180毫升温水

300克优质细磨普通（通用）面粉（如00型面粉），加上额外的用于面扑的面粉

100克高筋面粉

肉汤配方

800毫升水（如果您喜欢，或者有四国岛客人来关照，最好是软水）

20克海带，约10厘米见方，冲洗干净

20克沙丁鱼干或鲣鱼干，去除头部和内脏（净重量）

10克香菇干（可选）

10克日本木鱼

2汤匙酱油（如果可以的话，可以用浅色酱油）

1汤匙味醂

海盐片，调味

浇头配方

传统配料包括伞形菌；炸豆腐；海苔、裙带菜和其他海藻；生的或水煮的鸡蛋；七味粉；牛蒡；炸鱼饼，比如鱼糕

现代的赞岐国乌冬面适合你可以想到的任何食材，包括黄油，明太子和蛋彩——煎培根蛋

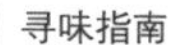

寻味指南
Ramen Kitanodaichi **ラーメン北の大地** Shinjuku, 〒160-0022, ramen-kitanodaichi.jp

方法

把盐放到水里搅拌直到它溶解。用木勺或带面团钩的立式搅拌机将盐水和面粉混合。当面团聚拢成一块坚实、光滑的面团时，用保鲜膜（塑料薄膜）覆盖，并转移到冰箱中饧制至少3小时，最好是一夜。取出面团，用手使劲揉搓10分钟左右，反复折叠面团，或在立式搅拌机中高速搅拌5分钟，或用脚揉搓：将面团放入一个结实的塑料袋中，踩上一踩，直到面团变平成一个大的薄片，然后将面团折叠2次，重复4次（这种方法既快捷又有趣，但请确保保持卫生标准）。一旦面团充分揉搓——此时面团应该非常光滑而有弹性——让面团在室温下饧制20分钟。

在你的工作案板上撒上大量的面粉，把面团擀成大约5毫米厚的片。在擀好的面团上撒上更多的面粉，然后把面团折叠成3层。用一把又大又锋利的厨刀把面团切成方便的面条，再撒些面粉，防止粘在一起。面条应该在烹调前很快切好，以保持其质地。

制作肉汤时，将水、海带、沙丁鱼干和香菇（如果使用）放在平底锅中，用小火慢慢炖。当水刚开始冒泡时，从热水中取出，加入日本木鱼。静置至少半小时，然后过筛加入酱油和味醂。尝一尝，根据你的喜好加盐。

上菜时，把肉汤烧好，准备一大锅开水。把乌冬面放在水里煮，保持水的低沸点/高沸点，这样煮得更均匀。因为面条又厚又结实，煮起来需要一段时间——5分钟后检查一下（面条应该很嫩，但有点嚼劲），但可能需要10分钟甚至15分钟，这取决于你的喜好。面条煮好后，沥干水分，用凉水冲洗干净，去除多余的淀粉，停止烹饪。把面条放进深碗里，用勺子舀入滚烫的肉汤，加入你喜欢的配料，马上就上桌。

天玉 そば うどん 四二〇
天ぷら そば うどん 三七〇
玉子 そば うどん 三二〇
かけ そば うどん 二七〇
たぬき そば うどん 三三〇
とろろ昆布 そば うどん 三三〇
わかめ そば うどん 三三〇
きつね そば うどん 三三〇
元祖 冷し天玉そば 四二〇
元祖 天玉せいろ 四二〇
冷し天ぷらそば 三七〇
天ぷらせいろ 三七〇
冷したぬき 四一〇
冷しきつね 四一〇
もり 二七〇
ざる 三四〇
新宿警察署
直通電話
03
3346
0110

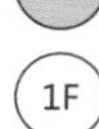

大阪风味章鱼烧

章鱼丸

尽管东京因其食物的质量和种类在国内外享有当之无愧的盛赞，但在日本，大阪与外出就餐联系更多。它的昵称之一是“国家的厨房”，它的非正式别名是“把你吃倒”——吃到崩溃。大阪在食物方面确实有自己的特色，有几个已经非常受欢迎的特产现在在日本各地都能找到。其中一种便是章鱼烧——球形章鱼饺子，上面有永远美味的蛋黄酱、日本红酱、青海苔、日本木鱼和腌姜。在东京，人们通常会在酒吧里看到这种食物，那里也有纯威士忌高球，这可能是我最喜欢的食物和饮料搭配，也是可以想象到的最好的卡拉OK助燃料。我可以每天站着吃章鱼烧，喝高球饮料。我甚至幻想这样持续下去直到退休。

章鱼烧需要使用特殊的平底锅，但是，如果你没有并且也不想买平底锅，你可以参考下面的说明，使用不粘蛋糕的易拉罐或迷你松饼罐来模拟这个烹饪过程。

大概制作36个球，够2～4人（或一人，如果那个人是我）

1个鸡蛋，搅打均匀
350毫升冷水
1茶匙日式高汤粉
1茶匙酱油
100克普通（通用）面粉
1撮白胡椒
1/4茶匙发酵粉
80克尖头圆形卷心菜或扁白菜，切碎
6个葱，切成薄片
30克日本姜，切碎
适量油
200克熟章鱼，切成36小块

准备

大约180毫升大阪烧酱或章鱼烧酱
约100克丘比蛋黄酱（第46页）
20克日本姜，切碎
1大撮青海苔片
1把日本木鱼

方法

如果你在蛋糕锅或松饼锅里做这个，把烤箱预热到240℃（475℉/气体9），然后用纸巾在每个模具的内部擦一点油。

如果你用的是蛋糕锅，把它放在热烤箱里加热5～10分钟。

把鸡蛋、水、日式高汤粉和酱油放在碗里搅拌均匀。加入面粉、胡椒粉、发酵粉、卷心菜、半个大葱和日本姜，搅拌成薄面糊。

如果你用的是章鱼烧平底锅，把它放在中高温下加热，然后在每个孔里加一点油。无论哪种方法，烹调技术都是一样的，但时间会有点不同。先往锅里倒足够的面糊来填满这些洞（它们应该会溢出一点，所以洞周围的锅表面也会有一些面糊）。在每个洞里放一块章鱼。几分钟后，丸子的底部就会煮熟并凝固；用筷子或木钎把煮熟的面团收集到每个洞里，然后把每个丸子的煮熟的底部向上翻，这样它们就会暴露出来，但不会完全颠倒。

再加一点面糊，填满每个洞，继续煮几分钟，然后再翻动饺子，使原来在底部的部分现在在顶部。继续煮几分钟，经常翻面，使其均呈金棕色（如果你在烤箱里这样做，你必须要有点耐心，因为每次打开烤箱门，锅的温度都会显著下降）。煮熟后，章鱼烧的内部应该还是半液体的，就像一个肉饼。从锅里取出章鱼烧，用烧酱、蛋黄酱、日本姜、青海苔、剩下的大葱花和日本木鱼装饰。食用前先将其稍微晾凉一下。

寻味指南
Osaka-ya 大阪屋 Shimokitazawa, 〒155-0031

广岛风味
日式薄饼

蔬菜面条分层煎饼

日式薄饼是一种美味的煎饼，馅料由顾客选择，风格大多与大阪有关，这令广岛人“怒不可遏”，因为他们有自己独特的日式薄饼风格。广岛风格有时将其称为“广岛烧”来区分它，但没有什么比这更让广岛人烦恼了，因为在他们看来，大阪风格才是劣质的仿制品。我不卷入这场较量，但我会说广岛日式薄饼确实很好吃，特别是当你恰好同我一样喜欢面条的话。事实上，它更像是分层的炒面，面条、卷心菜、配料与薄煎饼分开放置，其形式是把其他所有东西都盖在上面。我确实喜欢大阪的风格，但它确实主宰了东京的日式薄饼风格，甚至是整个日本乃至全世界。因此我也特别喜欢广岛风格，因为它有点像是日式薄饼的劣势者。

这个食谱包括甜玉米，培根和鱿鱼——我最喜欢的组合之一——但你也可以不加它们，或添加各种其他东西。你需要一个煎锅来做广岛风味的日式薄饼。

做了两个日式薄饼（实际上可能够4个人吃了）

100克普通（通用）面粉
120毫升日式高汤
3个鸡蛋
半颗尖头圆形卷心菜或扁白菜，切碎
100克豆芽
150～200克甜玉米罐头，沥干
4根葱，切成葱花
约40克日本姜
植物油
6片火腿培根
200克准备好的鱿鱼，划破切成1厘米宽的条带
2份新鲜炒面/鸡蛋面（或干的面条，半熟）
大约150毫升大阪烧酱汁
丘比蛋黄酱（第46页），根据需要添加
一些青海苔
几撮芝麻
1把日式木鱼片

方法

把面粉、日式高汤和一个鸡蛋搅在一起，做成薄薄的面糊。在一个单独的碗里，把卷心菜、豆芽、甜玉米、半份葱花和半份姜末拌在一起。把煎锅放在中高火上加热，加一点油，用抹刀把它摊成薄薄的一层。用勺子把两个煎饼的面糊倒在锅上，把大约1/3的面糊放在碗里。在每个薄饼上浇上卷心菜混合物，然后在每个卷心菜堆的顶部淋上剩余的面糊。把卷心菜压平，煎5分钟左右。在每个卷心菜堆上放3片培根，把它们压下去，然后巧妙地翻转每一堆，这样培根就在底部，煎饼就在上面。再把所有的东西都压下来煎制。

把鱿鱼放在烤盘上单独炒一下，然后把面条放在鱿鱼上面。把它们和大约1/3的大阪烧酱汁一起搅拌，然后把它们聚成一个直径与每个薄饼相同的圆圈。把卷心菜堆转移到每圈面条的顶部，再煎5分钟左右（面条底部应该是又香又脆的）。同时，在煎锅上煎两个鸡蛋——通常蛋黄是破的，但我喜欢在我的日式薄饼上煎一个流淌的蛋黄。当鸡蛋煮熟后，把它们转移到每个日式薄饼上，然后盖上大阪烧酱汁、蛋黄酱、青海苔、芝麻、剩下的姜末和葱花和日式木鱼片。如果可能的话，直接在煎锅里享受吧。

寻味指南
Satchan さっちゃん Aoyama Itchome, 〒107-0052

廻る
さんまい
株式会社
島商店
3541-6605
本店

福冈风味
烤内杂

韩式辣椒酱烧杂碎

福冈，九州最大的城市，全日本第六大城市，在我心中占有特殊的地位，因为我年轻时在附近的北九州住了两年。我本来想住在福冈，因为那里以通口拉面（我最喜欢的食物）而闻名，但当我到了那里，我才意识到这只是福冈几十个特色菜之一，在我看来，这是世界上最有趣、最美味的地方之一。福冈提供了所有日本经典的优秀版本，但它也有一些非常不寻常的食材和菜肴，其中许多缘自该地区悠久的国际贸易和移民历史。福冈尤其受韩国的影响——事实上，福冈离首尔更近，离釜山［只有214千米（133英里）］，远比离东京近。因此韩国文化在那里得到了很好的体现，在某些情况下，与日本本土文化完全交织在一起。明太子就是一个很好的例子：韩国发明的山腌鳕鱼鱼子与福冈的关系如此密切，以至于很少有人认识到它的韩国血统。

另一道这种风格的菜是日本风味的韩国烤肉。日本烤肉餐厅以各种猪肉和牛肉为特色，在福冈和东京随处可见，尤其是在新大久保的非官方“韩国城”附近。虽然大多数的日本烤肉并不被认为是任何特定地区的特产，但有一种类型实际上是福冈的同义词：烤内杂，或烤杂碎。烤内杂是几乎所有种类的内脏的统称，但最常见的是指从消化道（如胃或肠）切下来的内脏。猪肠是我最喜欢的内脏品种，所以这是这个食谱的内容，但你可以尝试各种其余方式，使用相同的配方和烹调技巧。

2～4份

200克猪肠（小肠），清洁好的

800毫升水，加上更多水用于焯烫

50毫升米醋

150毫升清酒，外加100毫升清酒

4厘米姜根，切成薄片（无需削皮）

100克辣椒酱

2杯酸橙汁

1汤匙砂糖（特级）

1撮黑胡椒

几片卷心菜叶

1～2韭菜茎，切薄片

1撮芝麻

方法

将猪肠切成1厘米宽的圆形，类似于鱿鱼。置于平底锅中，盖上冷水，煮沸。沥干水分，将猪肠冲洗干净，然后加入适量的水、醋、一半的清酒和姜放回锅中。煮沸后加热1.5个小时直到猪肠变软。记得按需要加满水，最后沥干猪肠并冷却。

同时，将剩余的清酒、辣椒酱、酸橙汁、糖和黑胡椒粉一起搅拌均匀，加入猪肠拌匀，腌制约1小时。在烧热的木炭上或者烤肉串上快速地用网格烧烤，直到完美的烧烤上色。饰以白菜、韭菜、芝麻。

寻味指南
Kura 蔵 Akasaka, 〒107-0052, e-kura.org

冲绳菜

从东京出发，冲绳是日本最偏远的地区，这意味着没有多少外国游客到那里旅游，至少在他们的第一次旅行中不会。这是一个遗憾，因为它是这个国家最迷人的文化部分之一（当然它有自然风光美丽的海滩）。从15世纪到19世纪，冲绳是琉球人的领地，这是一个独特的民族。琉球文化与周边国家有着很大的不同，但同时也受到了中国和日本近代和古代的影响。自从第一次世界大战结束以来，那里也有大量的、持续的、大部分令人不快的美国军事存在，这对当地的食物产生了有趣的影响。所以冲绳的美食是独一无二的：一点琉球菜，一点中国菜，一点日本菜和一点美国菜，加上一些这些岛上经常使用的不同寻常的当地产品共同构成美食特色。

幸运的是，你不必跳上飞机也能领略到冲绳的美食和文化；你可以在东京市中心做这件事，那里有几家餐厅供应冲绳菜和美味的冲绳米酒泡盛酒。（Awamori）通常是在唤起乡间海滨小屋回忆的背景下，店铺充斥着五颜六色的琉球面料和现场表演。在新宿的冲绳天堂，你可以品尝一系列美味的冲绳菜肴，啜一口泡盛酒，而冲绳的主持人则用琉球语哼唱，在与观众的玩笑之间弹奏三味线。你可以在东京的第一个或第二个晚上到这里来，食物、饮料和岛屿氛围是消除时差的绝佳方式。

豆腐乳

豆腐乳是将硬豆腐浸入泡烧酒中，利用泡烧酒发酵过程中产生的活菌发酵而成。成品是一个浓密的奶油豆腐产品，其粉红色的颜色与令人陶醉的香气和强烈干酪的味道相融。因为它的味道很浓郁，所以只能分成很小的一块（在冲绳天堂，我们只能吃一个小块），然后用牙签细细品尝。这需要耐心和一些不起眼的配料，但是你的努力将会得到亚洲最美味的佐酒小菜之一作为回报。味道真的很浓郁。

制作300克，足够10人份

300克棉花豆腐

200克干红曲米（也作为红酵母出售的米饭或红曲米）

2汤匙盐

200毫升泡盛酒（或日本烧酒），选用酒精度数在20%～30%的酒。

方法

冲绳豆腐又紧又密，要想在家里复制，就得把一块硬豆腐晾干。取非常坚硬的棉花豆腐，切成3厘米的方块，然后微波炉加热2分钟，排出多余的水分。再次将豆腐和微波炉中的水分排干2分钟，然后将豆腐放在60℃（140℉/最小气体）的烤箱网孔或多孔托盘上加热4小时。豆腐要非常坚硬，表面摸上去要干。

把干豆腐、红曲米、盐和泡盛酒放在一个带拉链的袋子里。轻轻摇动袋子，将红曲和盐混合溶解。封住袋子，但让封条的一个角打开使得空气流通，然后将袋子放在容器中，在室温下发酵至少2周。这时候豆腐已经有了一些味道，但是如果你能放几个月就更好了！用牙签分成很小的份量来吃，小口细品。

寻味指南
Okinawa Paradise 沖縄**パラダイス** Shinjuku, 〒160-0021

海葡萄米饭碗

海葡萄是一种令人愉快的海洋蔬菜，在冲绳很有名，它们看起来就像一串串小小的绿色葡萄（有时也被误称为“绿色鱼子酱”）。虽然它们口味很淡，但是它们看起来很酷，口感也很棒，可以在嘴里吃出美妙的多汁口感。令人惊讶的是，你现在可以在网上买到“海葡萄”，偶尔在英国的商店里也可以买到脱水的或者放在盐水里的“海葡萄”，但是它们很少见，而且非常昂贵。如果你买不到，或者不想花钱买，只需用你最喜欢的可食用海藻类代替——海蓬子在风味和口感方面都是一个极好的替代品。

制作2份饭碗

3汤匙醋

3汤匙糖

2汤匙酱油

2汤匙芝麻油

1撮日式高汤粉

2片紫苏叶，粗粗切碎（可选）

2份熟米饭（由150～200克生米而来）

200克您选择的生鱼片，切成一口大小的薄片

2个西红柿，切成8个楔子块

1/4的卷心生菜，粗粗地撕碎

100克海葡萄或类似的爽口蔬菜（新鲜/涨发后的重量）

方法

将醋、糖、酱油、芝麻油、日式高汤粉、紫苏叶混合搅拌至糖溶解。上菜时，把米饭舀到大碗里，确保米饭不太热，这样生菜就不会枯萎。把生鱼片、西红柿和卷心生菜放在上面，然后加上海葡萄。上菜前把调料淋在菜肴上。

干酪味的苦瓜春卷

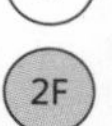
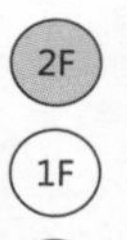
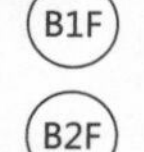

苦瓜在南亚和东南亚随处可见，但在日本，它却与冲绳紧密相连。一开始，它略带肥皂味和苦涩的味道可能会让人讨厌，但是当用它来对比咸的、高脂肪的原料，比如午餐肉或者融化的奶酪时，效果很好。据我所知，这不是一道传统菜肴，但是当我在冲绳天堂吃的时候，我觉得这道菜实在是太好了，不能不把它列出来。它还包括另一种冲绳特产——波其吉香肠（pochigi sausage），它是葡萄牙扁面的远祖，你可以用它来代替，或者简单地用一种温和的西班牙辣味香肠。苦味的苦瓜，咸味的奶酪和香肠，令人上瘾的酥脆，这可能是世界上最好的饮用食品。

制作12个春卷

半颗（苦瓜）

盐，根据需要

4根香葱（大葱），切成葱花

120克香肠或西班牙辣味香肠，切丁块

200克马苏里拉干酪或温和的切达干酪，磨碎的（或两者的混合）

12片美国奶酪

12个春卷皮

油炸用油

方法

准备苦瓜，刮出种子和尽可能多的白色内瓤。把苦瓜切成1厘米的骰子块，用盐充分腌制，然后静置30分钟。用冷水冲洗苦瓜，然后再次重复这个过程。

将苦瓜沥干，与葱、西班牙香肠和碎奶酪混合均匀。一次做一个春卷。将春卷皮四周蘸点水。在中间放一块美国奶酪，把它折叠起来，然后在上面放一大勺苦瓜香肠奶酪馅。把春卷皮的边沿沿着奶酪卷叠起来，然后像卷饼一样紧紧地卷起来。在指尖蘸少许水封住春卷。重复以上步骤，直到所有的春卷都包好，确保春卷密封良好，不会漏奶酪。将油加热至180℃（350℉），将春卷煎炸约6分钟至金黄色。用纸巾吸干油分，冷却至少5分钟后食用。

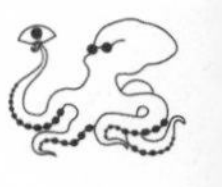

北海道産
大正
うずらまめ
北海道産
当店特撰
あずき
完熟小豆
小豆の中で最高品質

伏 高
鰹節 伏高
鰹 節 伏 高

阿伊努菜

阿伊努人是库页岛和北海道的土著民族，与西伯利亚和蒙古的民族关系比与日本人更为密切。阿伊努人一直统治着北海道（原为埃佐人），直到19世纪末明治政府开始在北海道建立农场、渔业和工厂，在此过程中夺取了阿伊努的土地，尽管阿伊努人最终被政府授予土著地位，作为维护其文化的象征，但实际上他们很快被日本社会同化。今天，还没有可靠的数字统计，因为许多阿伊努人的后代不知道他们的祖先，所以只有那些自称阿伊努人的人被计入调查。事实上，他们并没有被列为日本官方人口普查的选项。最新的数据估计，阿伊努现有人口约为2.4万人。这是一个非常小的数字——而且正在减少。

随着阿伊努人慢慢消失，是时候亲身了解他们的文化了。2007年，当我在札幌度假的时候，这件事让我如愿以偿。几年前，我在一次考察旅行中，在那里的一家阿伊努餐馆有过一次惊人的经历。食物固然令人难以置信，但我印象最深的是他们热情好客；“餐厅”真的是阿伊努一户人家的一部分，他们的热情和慷慨真挚的让人感动；即使在一个以热情好客著称的国家，他们也会脱颖而出。我是那里唯一的顾客，他们似乎对我想了解阿伊努食物感到受宠若惊；而我感到荣幸的是有机会吃到它。所以当我回到札幌后，回去看他们已是我的首要任务。我没有地址，但我记得它在附近，经过1个小时的搜索，我终于找到了它——而它已经永久关闭，显然已经有一段时间了。

这是该国仅有的三四家阿伊努餐厅之一，现在只剩下两三家了。

仅存的两三家中其中一个在东京。这是令人惊讶的，因为阿伊努人在历史上从来没有住过这么远的南方，他们的烹饪是基于北海道当地的农产品。但事实上，我很高兴东京有一家阿伊努餐厅，因为这意味着更多的人将有机会品尝它；北海道虽是一个很好的旅游地，但它太偏僻，大多数游客无法到达。这家位于大久保的餐厅被称为“哈鲁科尔（Haru Kor）”，字面意思是“有饭吃”，但这家

餐厅也是一个非正式的阿伊努社区和文化中心，装饰得像传统的茅草屋，墙上装饰着阿伊努纺织品和雕刻。他们在特殊场合举行阿伊努宗教仪式。当然，他们提供美味独特的食物。

随着阿伊努文化与日本文化的融合，有时很难界定什么是真正的传统，什么不是。但使阿伊努烹饪与众不同的原因显而易见，主要是因为它们涉及日本美食中几乎不为人所知的成分和技术，包括北海道本地的牧草和蔬菜；冷冻或干燥保存的鱼；野味，包括鹿肉和熊。下面的菜谱是你可以在哈鲁科尔（Haru Kor）的菜单上找到的，虽然它们可能不完全是几百年前阿伊努人吃的东西，但它们仍然代表着烹饪法的一种关键味道，这种烹饪法甚至可能不会存在太久，所以在你还有机会的时候去吃吧。

公園酒場 川よん
三社祭
三社祭
三社祭
4-2
National
HOPPY
ホッピー
ホッピー
09/

おぼろ

松茸
¥3,000-

黒豆
北海道産
うずらまめ
当店

三文鱼籽土豆泥

三文鱼籽土豆泥（Chiporo imo）是土豆和三文鱼籽的一种非常简单但有效的组合。这种味道让人想起俄罗斯食物，但它也是纯正的北海道菜。

2人份

200克烤土豆，去皮切成2½厘米块

盐

30克三文鱼籽

方法

将土豆煮至软身，然后沥干水，用少许盐捣碎至光滑。待凉后，裹入三文鱼籽即可。

寻味指南
Haru Kor **ハルコロ** Shin-Okubo, 〒169-0073

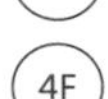

鹿肉❶炒菜

尽管鹿肉在日本的餐馆里随处可见——而且事实上——日本有着悠久的猎鹿历史，但这种鹿肉还是有些罕见和不同寻常。但是在阿伊努菜中，它被认为是一道美味佳肴，在哈鲁科尔的菜单上，它的主要特色就是鱼肉串、香肠、牛排，还有一道炒菜，它借鉴了北海道最受欢迎的特色菜的元素：用豆芽、卷心菜和浓重的酱汁做成的烤羊肉。在这里，羊肉被换成了鹿肉，我敢说这是对原来的改进。

2人份，也许更多
如果配米饭和其他食物

2汤匙酱油
2汤匙蜂蜜
2汤匙蚝油
1茶匙芝麻油
1/4杯柠檬汁
1独头蒜，磨碎
一大撮白胡椒粉
一点点油
半个洋葱，切成薄片
1个去皮留叶的小胡萝卜
200克菠菜/牵牛花，切成5厘米（2英寸）的段
200克豆芽
200～250克优质鹿肉，切成薄片

方法

把酱油、蜂蜜、蚝油、芝麻油、柠檬汁、大蒜和白胡椒粉混合。搅拌至完全混合。

在炒锅或平底锅中用大火加热油，然后加入洋葱和胡萝卜，翻炒几分钟，直到略呈棕色。加入菠菜、豆芽和鹿肉，继续炒至鹿肉刚熟，豆芽稍软。加入调味汁，继续炒，直到所有东西都裹上调味汁即可。

基托皮罗（Kitopiro）炒饭

野生大蒜炒饭

基托皮罗是一种野生葱，有时被称为阿伊努洋葱，因为它与阿伊努食物有着密切的联系。它看起来很像野生大蒜，但尝起来更像大葱，两者都可以，或者任何一种都可以用来代替——三角韭菜、野生韭菜或阔叶葱也可以。

2人份主菜，4人份副菜

油炸植物油
两个鸡蛋
大约50克野生大蒜或类似的野生大蒜，切碎
1/4茶匙日式高汤粉
200克大米，煮熟并冷却（第26页）
适量水
盐和胡椒粉，调味

方法

在炒锅或油锅（平底锅）中用高温加热油。加入鸡蛋和野生大蒜末，翻炒几分钟，直到鸡蛋煮透。加入日式高汤粉和米饭，用铲刀把它打碎。加入水和稍多的盐和胡椒粉，翻炒几分钟，直到所有的水都没了，米饭变得蓬松和柔软。

出版者注：
❶ 在中国，梅花鹿等为国家一级保护动物，麋鹿为世界级保护动物，不可食用。

北海道直送
¥1,000-
5-6
検査済
10kg 詰
月 日

わさび
1,080-

福
千福
タペストリー

新甘泉
しんかんせん
鳥取
2ケ
¥800
864
税込価格

TOKYO

3

全球化

艺伎

GLOBAL

下的东京

F

汉堡包

歌舞伎

BIRKENSTOCK
Condomania

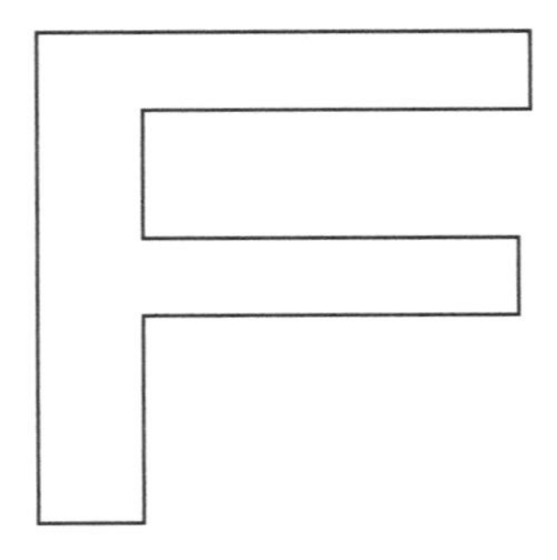

全球化下的东京

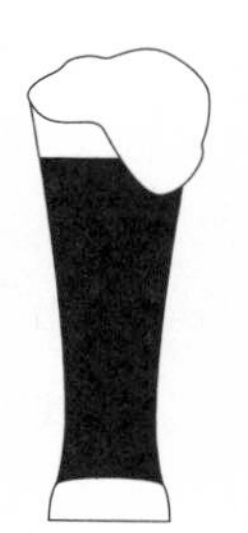

TOKYO GLOBAL

TOKYO GLOBAL

受国际影响的食物

在国际社会，东京首先以其美味的日本食物而闻名。但在日本国内，东京或许更为人所知的是，这里有全国最好的外国食物：充足的上等德国香肠、法国奶酪和葡萄酒、中国地方特色菜、印度咖喱、秘鲁酸橘汁腌鱼……见鬼，你甚至可以在新宿区买到一品脱上好的英国啤酒和炸鱼薯条！虽然我强烈建议从东京的日本料理开始，但是如果你住在那里，或者去过那里几次，或者只是想换换口味，那么这个城市的一些好的外国食物（或者至少是受外国影响的）肯定是值得尝试的。

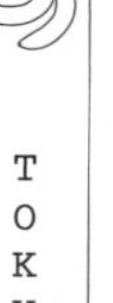

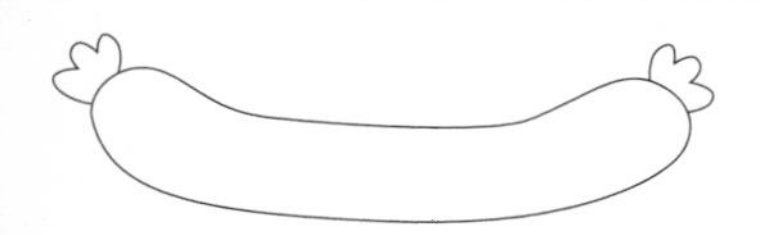

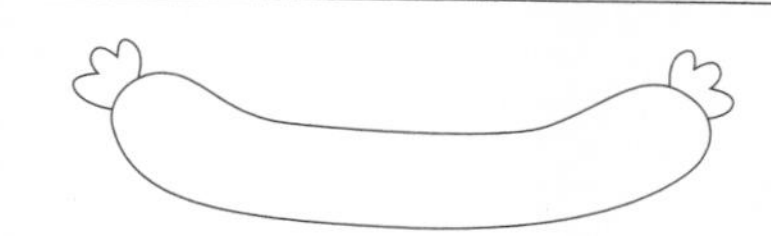

日式韩国烤肉

韩国烤肉

经过精心培育、政府认可的日本饮食文化的形象是完全独立的，完全独立于日本邻国的烹饪传统。和食的支持者尤其鼓吹这种与众不同。和食是一种官方传统日本食品，包括怀石料理、寿司和糯米团（与油炸煎饼三明治相对）等。2013年，和食被提名为联合国教科文组织的人类非物质文化遗产代表名单，这似乎表明和食的原则和方法是独一无二又值得保存的。

事实上，联合国教科文组织关于和食值得保护的题词听起来很模糊，适用于几乎所有的文化菜肴：特殊的饭菜和装饰精美的菜肴，使用新鲜的原料……用特殊的餐具提供，由家庭成员分享，原料来自各种天然的本地原料。对不起，伙计，真正使日本美食高于其他任何国家的唯一因素是其市场营销的功效。

日本美食不仅在指导原则方面不是特别独特的，而且它与周围世界的联系也和其他任何地方一样。天妇罗来自葡萄牙语。寿司来自东南亚。面条来自中国。事实上，很多东西都来自中国。

当然，还有日式西餐（Yoshoku）。日式西餐包括一系列不被视为“传统”日本食物的菜肴，比如煎蛋卷和日式薄饼。大多数日式西餐在西方任何地方都无法被认出是西方菜肴，尽管其中许多菜肴几十年甚至几个世纪以来一直是日本美食的一部分，但它们仍然不被认为是日本菜。事实上，日式西餐通常是一种包罗万象的非和食菜肴；例如，咖喱饭不会被认为是西方的，但也不是日本的，所以它被称为日式西餐。然而，源于东亚地区的日本食品，如鸡杂、拉面和明太子，属于第三类，无名类。其中最受欢迎和美味的烹饪孤例是“Yakiniku”：日式韩国烧烤。

当然，在木炭上烤肉很普遍，所以在某种程度上把它归因于任何一个特定的国家是很奇怪的。所以你可以说日式韩国烧烤是日本的东西，就像烤鸡肉串一样，但是它所使用的切片和调味品只是因为太受韩国烧烤的影响，所以不能说它是独立的日本东西。事实上，它经常被明确宣称属于韩国，尤其是在新大久保（Shin-Okubo），非官方的韩国城（Koreatown）。在这里，日式韩国烧烤餐馆数量有几十家，但实际上它在整个城市都很普遍。毕竟，谁能抗拒用盐、糖和香料腌制的嫩肉，然后再用木炭烤呢?

和烤鸡肉串一样，日式韩国烧烤的种类太多了，无法单独提供菜谱，所以下面是几种腌料和酱料的菜谱，还有一个关于切什么和如何烹饪的一般指南。

寻味指南
Kurumu **くるむ** Shin-Okubo, 〒169-0072, wowsokb.jp/curumu

日式韩国烧烤可以包括大约任何部位（另见烤内脏，第127页），但更多也是最受欢迎的项目是：

牛肋排（Kalbi）

牛肋肉，从骨头上切下来，长而薄的片状。

牛舌（Tan）

牛舌，通常预先煮熟至变软，然后在烧烤前切片。

牛心（HATSU）

牛心，非常美味和瘦削的切片，特别适合高温和强烈的腌泡料，是典型的日式烤肉串。

猪肚（BUTABARA）

猪肚，像培根一样切成薄片。

猪肉中的Toro（P-TORO）

与金枪鱼中的“鱼腩（Toro）”相仿的猪肉并不是特定的切块，而是一种大理石般多汁的猪肉；它可以来自面颊，也可以来自猪项圈的中心——这在西班牙屠宰场中被称为“Presa”。

烤肉可以在烹饪前腌制，也可以简单地烹饪，然后蘸上可口的酱汁（但腌制的肉串也可以搭配辅料，比如柠檬醋、奶油芝麻酱或者简单的生鸡蛋）。蔬菜是日式烧肉晚餐的重要组成部分，包括韩国风味的泡菜或作为配菜的调味豆芽，或者白菜、日本南瓜、辣椒和烧烤用的香菇，支撑起食物的份量、营养和价格（以及本身可爱的味道）。几碗米饭使这顿餐更加完整，再加上大量的啤酒、烧酒、日本清酒或马格利酒——一种云状、类似苹果酒的发酵大米饮料，有着浓郁的养乐多口味。

这些可以用作蘸酱或腌料；作为酱汁，它们将提供2份；作为腌料，它将足够容纳大约500克的肉。

日式烤肉酱

6汤匙酱油

1½汤匙（精）白砂糖

1½汤匙清酒

半个青苹果，去皮后磨碎

15～30克生姜，去皮

而且磨得很细

1瓣大蒜，磨碎

1½茶匙芝麻油

1½茶匙白芝麻，烤至深金棕色，然后粉碎

方法

把所有东西搅拌在一起，直到糖溶解。为了达到最好的效果，在使用姜和大蒜之前至少要先放置1个小时。

泡菜调味汁

100克泡菜

1½汤匙（精）白砂糖

1½汤匙味醂

1汤匙辣椒酱

1汤匙植物油

1茶匙芝麻油

方法

用搅拌机或食品加工机将所有东西搅拌均匀。

海胆扁面（UNI LINGUINI）

海胆扁面条

东京历史的时间轴是一根长长的面条。荞麦面和乌冬面已经在这里被享用了至少400年，其他形式的东京面具可以追溯到8世纪。但是传统的日本面条并不是你在东京可能遇到的唯一面条。事实上，远非如此。东京人对面条的喜爱是不加选择的，你可以在这里找到来自世界各地的各种面条，当然，包括意大利面条。日本人对意大利面的热爱始于第二次世界大战前后，当时许多因素将这种异国风味的菜引入了日本人的厨房。意大利欧洲饮食在20世纪20年代开始流行，到了40年代，意大利面出现在东京和横滨附近的许多高档西餐厅。就像日本的咖喱一样，日本的意大利面变异成了与原始材料截然不同的东西，经常混合着奇怪的当地风味。也许日本最著名的意大利面是“肉酱意面”，这道菜的灵感来自于美国军粮，它的主要配料是番茄酱和法兰克福香肠（别告诉我你在学生时代没有吃过类似的东西）。

随着日本意大利面几十年间的发展，它已经变得非常独特，不同于你在意大利发现的意大利面，但仍然非常美味。在日本，意大利面最常见的调味品之一就是各种各样的海鲜鱼籽或其他鱼内脏，比如被称为明太子的麻辣鳕鱼籽，或者叫作蟹肉。但是，日本海洋生物为主的意大利面的最佳选择是用成熟的咸海胆制成的。丰富的碘、浓缩的贝类味道与柔软的意大利面完美结合，对我来说是100%的日本味和100%的意大利味。

4人份

150克海胆籽（新鲜或冷冻）

50克黑蟹肉

1/4杯柠檬汁

100克黄油，融化

盐，根据口味进行调整

400克干扁面条

1小撮七味粉

20克帕尔马干酪，磨碎

12克细香葱，切碎

40克三文鱼卵

几片新鲜的莳萝或罗勒叶，撕碎

方法

将海胆籽、黑蟹肉和柠檬汁搅拌在一起。搅拌融化的黄油，一次一点，就像你正在做蛋黄酱或荷兰酱。用盐调味，根据需要调整口味。

将意大利面放入盐水中煮至有嚼劲，沥干后放回锅中，留一点意大利面水，让它冷却一两分钟——如果你在过热的时候加入酱汁，乳状液就会破裂。拌入酱汁，如果需要的话，加入一点意大利面水来缓解酱汁。分成4碗，上面放一点七味粉，然后放入帕尔马干酪、细香葱、三文鱼卵、莳萝或罗勒叶即可。

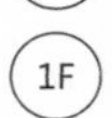

麻婆拉面（MAPO RAMEN）

麻婆豆腐面条（SICHUAN-SPICED TOFU NOODLES）

日本和中国有着长期而复杂的关系。两国之间也存在许多积极的文化交流。如动漫、寿司和抹茶在中国上海和北京这样的城市非常受欢迎。同样，许多日本文化也有直接、可追溯的根源在中国：从宗教、拼字法到茶碗和面条，无所不包。其中一个比较有趣的例子是拉面，在日本很多人认为它是中国料理，但在中国也能看到把它作为一道独特的日式料理出售。

更复杂的是最近在东京出现的“麻婆拉面”的趋势：中国传统菜（麻婆豆腐）和日本版的中国菜（拉面）相结合，其结果是味道非常中国化，但这在中国是找不到的。麻婆拉面是一种烹饪孤例，既不是日本人的，也不是中国人的，而是两者兼而有之。但话又说回来，真的很好吃，这才是最重要的。

4人份

600～700克结实或超结实的丝豆腐
水
1大撮盐
2汤匙四川胡椒
4个干红辣椒
4汤匙植物油
2片凤尾鱼片（可选）
1个辣椒（或者更多，根据口味），切成薄片
4瓣大蒜，切成薄片
15克姜块，去皮切成细丝
300克碎猪肉
1汤匙腌制黑豆
80克豆瓣酱
1½汤匙（精）白砂糖
500毫升鸡汤
1汤匙芝麻油
1½汤匙玉米粉（玉米淀粉），混合加点水的糊状物
伍斯特辣酱油和/或酱油，用以调味
4份厚拉面
1小把胡荽（香菜），粗粗地撕碎
芝麻，烤至深金黄色
1大撮日本胡椒粉

方法

把豆腐切成2.5厘米大小的方块，把水和盐一起小火炖。小心地把豆腐加入盐水中煮10分钟。用漏勺轻轻取出。

将四川胡椒和干红辣椒放入干燥的煎锅（平底煎锅）中烤至芳香并开始变色，然后冷却研磨成粗粉。将油倒入平底锅，大火加热，然后加入凤尾鱼，如果需要的话，也可以加入辣椒。炸一两分钟，然后加入大蒜、生姜和猪肉，炸至猪肉变成褐色。加入黑豆、豆瓣酱、白砂糖、四川胡椒和辣椒粉。煮几分钟，经常搅拌，这样香味就融合了。加入鸡汤、豆腐和芝麻油煮透，然后加入一些（不是全部）玉米粉和水的混合物。煮几分钟让酱汁变稠，不停地搅拌；如果你想要更稠的话，可以加入更多的玉米粉浆（应该很稠，这样才能很好地粘在面条上）。加入伍斯特辣酱油和/或酱油，用以调味。轻轻地搅拌豆腐，用锅铲的背面推动豆腐，摇动锅，在不打碎豆腐的情况下把豆腐包裹起来。

把一大锅水煮沸，放入面条，把面条煮到有嚼劲的状态。沥干水分，分别倒入4个碗，上面放入热豆腐混合物，撒上香菜、芝麻和日本胡椒粉调味并装饰。

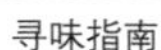
寻味指南

Akazukin あかずきん
Soshigaya-Okura, 〒157-0073,
soshigaya-minami.sakura.ne.jp

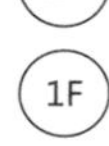

酥脆日式炸虾汉堡

面包虾肉饼汉堡

我的第一次东京之旅要追溯到2002年，那是我父母送给我的高中毕业礼物。当然，这是一次令人惊奇的旅行，但即使对于一个已经热衷于日本并且非常喜欢日本食物的人来说，有时候它仍然让人无法抗拒。

在新宿的第一个晚上，我太迷茫了，记不起很多细节，但我确实记得我们最后去哪里吃晚饭：一家名为第一厨房的快餐连锁店。我想我们决定去那里是因为他们有一张图片菜单，上面有一些英文介绍。我参加了为期两周的日语课程，所以我知道一些基本知识，但当面对复杂的文本和蹩脚的发音的无情现实时，这当然是完全徒劳的——即使是用图片菜单和一个非常随和耐心的收银员来帮我们点餐，也是极其困难的。我想要一顿三号套餐，只是不停地指着我想要的东西，说“san”（“三”）——我不知道的是，日本数字被赋予了几十个后缀或修饰语中的一个来表示它们的意思。例如，“三号”是三番（sanban），三件事是米特苏（mittsu），三个人是三宁（sannin），三个杯子是三白（sanbai），三天是米卡（mikka），三个小动物是三比基（sanbiki），三把枪或轿子是三七（sanchō）。所以说“san”基本上是无稽之谈。但我们最终还是做到了……后来才发现有关于调味品和调味料的后续问题（见第158页的风味土豆）。混乱的手势暗示了更多的混乱。

我认为大多数人在第一次访问日本时都有类似的经历——尽管那里的人很好客，但是如果不懂日语，就很难把事情弄清楚。尽管点菜的压力很大，但最后还是很美味。在我居住的那段时间里，第一厨房一直是我最喜欢的日本快餐连锁店。我的点餐是酥脆日式炸虾汉堡——一种裹着面包屑的油炸对虾馅饼，搭配白菜丝、汤汁和鞑靼沙司。想想麦香鱼汉堡，不过口感当然要好得多。

4人份

炸虾配方

50克硬质丝绸豆腐

1汤匙蛋黄酱

1/4个小洋葱，磨碎

20克玉米粉（玉米淀粉）或马铃薯淀粉

100克鳕鱼，黑线鳕或其他白鱼

少许盐和白胡椒

250克生对虾（或河虾），去壳和去虾肠

40克普通（通用）面粉

1个鸡蛋，用少许水搅拌

50克日式面包糠油，浅煎或深炸用油

鞑靼沙司配方

40克腌制小黄瓜，切成小丁

10克细香葱，切成葱花

1/4杯柠檬汁

1个鸡蛋，煮熟，去壳，捣碎

100克蛋黄酱

少量味精

一些龙蒿或欧芹的叶子，粗粗地切碎

1茶匙第戎芥末

准备

浅煎用油（至少2汤匙）

4个汉堡面包

1/4尖头圆形卷心菜，切成细丝

4汤匙猪排酱

方法

制作炸虾时，将豆腐、蛋黄酱、洋葱、淀粉、鱼、盐
椒粉放入食品加工机中搅拌，直到形成糊状。粗糙地切碎
磨）大虾，或者可以用刀或者食品加工机（确保搅拌确当，
虾仍然具有足够的纹理）。将虾和鱼酱混合物混合，分成
在手上抹上油，把每一部分捏成约1.5厘米（5/8英寸）厚的
饼。冷冻至少1个小时。把馅饼放进面粉里均匀裹上面粉，然
进鸡蛋液粘匀，最后放进日式面包糠里裹附均匀。再冷藏至
用的时候。

做鞑靼沙司的时候，把所有的东西搅拌在一起，直到
均匀。上桌食用时，用中火在平底煎锅（长柄平底煎锅）中
油。将每一面煎大约4分钟直到金黄色。用纸巾吸干油分，然
汉堡：在底部的小圆面包上放一勺鞑靼沙司，随后是卷心菜
然后是猪排酱，最后是炸虾饼，最后是更多的鞑靼沙司。

PANDA
PIZZA PARTY!

北海道
鮮さんま
32
4L

风味土豆

摇和调味炸薯条

2016年，第一厨房被Wendy's收购，在过去的几年里，他们把餐厅合并在一起，起了一个尴尬的名字叫“Wendy's First Kitchen”。幸运的是，他们在新菜单上保留了最好的第一道菜：他们著名的风味土豆，一种快餐创新的如此巧妙，我真不知道为什么它没有在其他地方流行起来。通常的做法是，把薯条放在一个纸袋子里，旁边放着一小袋粉末调味料；把调味料倒进去，摇动袋子，在每一个薯条上涂上一层浓烈的香味。味道本身就很鲜美——有时是很熟悉的味道（如烤大蒜），有时做法很花哨（鸡汤味），有时是日本人的口味（酱油黄油味）。以下是我最喜欢的几个。食谱上的炸薯条很细，而且还没有剥皮。你真的可以用任何种类的薯条或薯片（甚至烤土豆）。

足够4份薯条

海苔黄油

1汤匙黄油粉

1汤匙青海苔

1/4茶匙味精

1/4茶匙细盐

清汤

1汤匙鸡汤粉

1茶匙牛肉底汤粉

1/4茶匙洋葱颗粒

1/4茶匙香菇粉

1/4茶匙欧芹干

1/4茶匙番茄粉（网上选购，可选）

1撮盐

1撮细胡椒粉

明太子

1汤匙细碎的腌金枪鱼籽，或明太子/鳕鱼子风味的“饭味素”（furikake）（一种调味料，日本市场超市有售），细磨

2茶匙韩国辣椒粉，细磨

1茶匙日式高汤粉，细磨

1/4茶匙砂糖（超细）

1/4茶匙盐

4人份

800克粉质土豆，带皮，切成5毫米（1/4英寸）薯条

2升水

2汤匙白醋

2汤匙盐

用于油炸的植物油（花生油对人体有好处，大部分人都可以食用）

方法

把切好的土豆条浸泡在一碗冷水中，直到可以使用为止。把水、醋和盐一起烧开，然后加入土豆条煮10分钟。小心地把土豆沥干，以免土豆碎得太多，然后把它们摊在铺着纸巾的烤盘上。晾干，稍凉10分钟。

将至少1.5升植物油加热至200℃（400℉）。如果你没有温度计，在油热时把一个薯条放进油里，当它迅速地发出嘶嘶声并开始变色时，便可以加入1/3的薯条，炸1分钟，边炸边搅拌，然后取出并用纸巾吸干。对剩下的土豆重复上述步骤，让油温在两批炸制之间恢复到200℃（400℉）。将油炸后的土豆冷却，然后移入冰箱，不盖盖子，直到完全冷却。或者，为了获得最佳效果，在继续炸之前将其冷冻一夜。

将油再加热至200℃（400℉），分批将薯条炸约3～4分钟，直至金黄酥脆，用纸巾吸干。上菜时，把炸薯条分装入纸袋，与调味料一起上菜。在每份中加入约2汤匙调味料，摇动袋子，将薯条裹上调味料。

寻味指南
Wendy’s First Kitchen **ウェンディーズファーストキッチン** Multiple locations, wendys-firstkitchen.co.jp

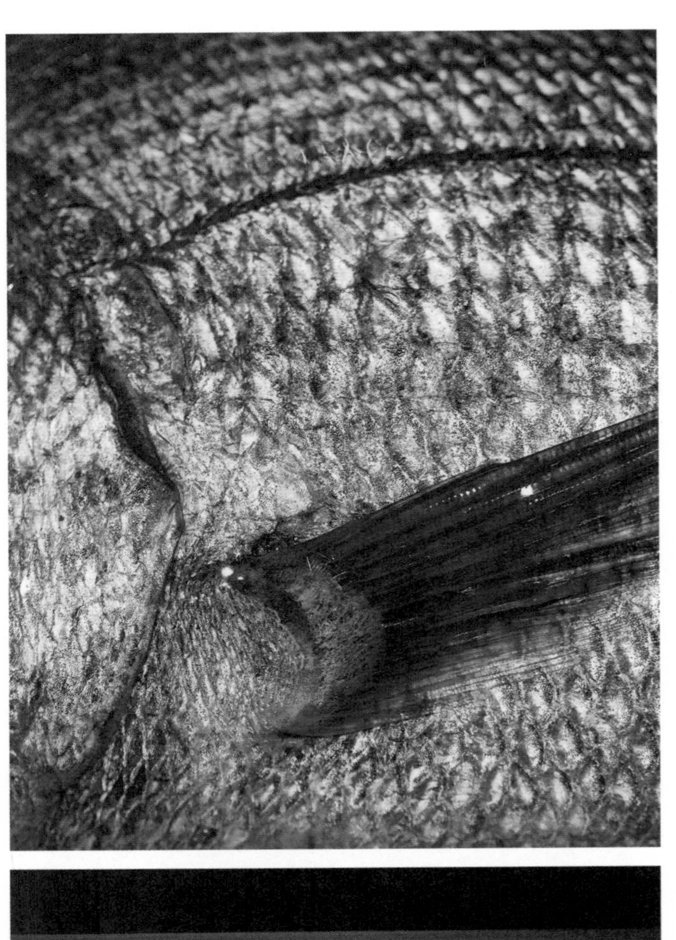

Sun
HOTEL

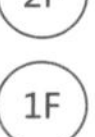

蟹肉烧卖

蒸猪肉蟹肉开口馄饨

通常，一些中国菜会融入到日本美食中，成为日本的特色菜，比如拉面、饺子、炒饭或肉包。其他中国菜虽然在日本长期存在，但仍保留着中国特色。其中一种便是烧卖，它用猪肉或海鲜等做馅心包在精致的烧卖皮里蒸熟。尽管在东京的任何一家普通的拉面店、居酒屋或家庭厨房都能找到饺子，但由于某种原因，烧卖的专业性要高一些。当然，它们在中国餐馆也有供应，但也许最常见的是在百货公司的食品大厅里，在巨大的蒸笼里一起蒸。像大多数饺子一样，烧卖总是美味可口，所以很高兴发现，在东京，你永远不会远离能满足你对蒸海鲜渴望的地方。

大约制作30个烧卖（这取决于烧卖皮的大小）

400克绞碎猪肉

200克蟹肉（使用蟹白肉和蟹黄比例为50/50的混合物，如果可以的话）

1汤匙芝麻油

1个鸡蛋

1/2个洋葱，切碎

2个香葱（大葱）或海苔，切成薄片

1/2茶匙盐

1/4茶匙磨碎的白胡椒粉

20~30个烧卖皮

适量油

50克蟹黄或橙鱼子（如三文鱼籽或飞鱼籽）

酱油或柠檬醋，搭配上桌

食用辣椒油或芥末（可选）

方法

将猪肉、蟹肉、芝麻油、鸡蛋、洋葱、大葱或海苔、盐和胡椒粉放入碗中拌匀，做成蟹黄猪肉馅。将烧卖皮放在手掌心，在烧卖皮中心放一大汤匙馅心，然后收拢馅心周围的边，形成小包裹形状（顶部应保持打开）。把带孔的烘焙纸放在蒸笼里，用纸巾在上面涂上一层薄薄的油。把烧卖放在蒸笼里，用沸水蒸10分钟。取出蒸笼，用少许鱼籽装饰每一个烧卖，用酱油或柠檬醋、辣椒油或芥末等调味料作蘸酱搭配食用。

寻味指南
Shodoten 小洞天 Nihombashi, 〒103-0027, shodoten.com

ケの鉄人
ケの鉄人
100名収容大パーティールーム
100名収容大パーティールーム
カラオケの鉄
カラオケの鉄
ラオケの鉄人
ご予約承ります
ティールーム
ィールーム内
化粧室完備!
6430
223万人に感謝
食べ放題『全国1位』
4,982店舗中1位!
やきにく亭
六歌仙
しゃぶしゃぶ
焼肉

波奇

夏威夷生鱼沙拉

波奇（Poke）是夏威夷菜，但很容易被误认为是日本菜；它与几种传统日本菜有许多相似之处：起源于夏威夷的渔民，他们其中许多人是日本人后裔。但奇怪的是，这并不是夏威夷特色菜，真正让东京大吃一惊的——那就是夏威夷煎饼。夏威夷煎饼店在过去10年左右的时间里在东京遍地开花，供应厚厚的、超级蓬松的煎饼，上面通常点缀着成堆的水果和鲜奶油。问题是，我找不到任何证据表明他们实际上是夏威夷的特色；事实上，这种煎饼只是兼有美式特色的日式煎饼，或者说是烤饼，相比之下更小更浓。但夏威夷在日本是一个强大的品牌——它是永远受日本度假者欢迎的目的地，因为它的邻近、文化亲缘关系、有时还有家庭影响，当然，还有所有其他每个人都喜欢夏威夷的原因，比如天气、海滩和咖啡，还有奥巴马就是从那里走出来的。所以在东京很容易找到好的夏威夷食物——只要看看薄饼，你就会发现有几十家餐厅供应卡鲁阿烤猪、本地摩卡咖啡，当然还有波奇。

顺便说一句，波奇是无限定制的；这是一个基本的配方，但是你也可以根据自己的喜好来修饰它（也许会有不同的建议）。

寻味指南
Popopeku **ポポペク** Hatsudai, 〒151-0071, popopeku.jp

4人份

2大汤匙裙带菜或类似海藻

酸橙汁

1个小红辣椒，切成薄片

4汤匙酱油

2汤匙芝麻油

1汤匙白砂糖（特级）

1/2汤匙米醋

（500～600克）非常新鲜的生金枪鱼、三文鱼、鲕鱼、箭鱼或类似肉质鱼类（去骨去皮），或者你可以用煮熟的章鱼

1个小洋葱，切丁（如果你能得到毛伊岛或维达利亚或西波里尼产的更好）

1个成熟鳄梨

1/2根黄瓜

100克樱桃番茄，切半

50克海蓬子或类似的新鲜海藻（可选）

40克澳洲坚果，烤至金黄色/棕色，然后粗粗地切碎

1/2汤匙白芝麻，烤至深金棕色

2根香葱（大葱），切成葱花

装饰用料

香脆的油炸洋葱，你自己选的饭味素、紫苏叶、鱼子、辣椒片或七味粉、热带水果丁等等。

方法

将裙带菜放入温水中浸泡约30分钟。将酸橙汁、辣椒、酱油、芝麻油、白砂糖和米醋搅拌均匀。将鱼或章鱼切成2.5厘米的立方体，并将鳄梨和黄瓜切成1厘米（1/2英寸）立方体。把海蓬子掰成一口大小的碎片，丢弃所有的木质碎屑。把鱼、蔬菜、海藻和调味料混合在一起。

这可以立即食用，但最好有时间让它腌制至少1个小时。它可以和米饭一起吃，也可以单独吃。用澳洲坚果、芝麻、葱花和任何你喜欢的东西做装饰。

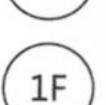

奈尔风味咖喱饭

咖喱在日本的到来是令人愉快的迂回。日本一直是各种文化路径的终点，它们蜿蜒穿过亚洲（佛教是一个特别值得注意的例子），所以你可能会认为咖喱是从有咖喱传统的国家直接来到日本的，比如印度或马来西亚，也许是通过中国。但不是。日本咖喱实际上是以19世纪末引进的英国版印度咖喱为基础的。这些咖喱曾经是、而且现在仍然被归类为西方食物，事实上，它们烹饪的方式更类似于英国或法国的炖菜，用油面酱增稠，而不像你在真正的次大陆咖喱里能找到融化的洋葱、西红柿、酥油、酸奶、椰奶、坚果等的混合物。其结果是日本咖喱更像是一种略加香料的肉汁，虽然它与印度咖喱没有太多共同点，但它还是有一定的魅力。最近，网上出现了一些这种咖喱的历史配方，令人惊讶的是，它们与现代日本咖喱饭没有太大区别。

当然，你也可以在东京品尝到真正的印度咖喱，但即使是这些咖喱，也常常采用人们熟悉的日本咖喱的烹饪方式——肉和蔬菜在宽阔的酱汁锅中烹调，盛在盘子里，一边放上一堆日本米饭。在日本最古老的印度咖喱屋——奈尔咖喱屋，你可以品尝到这种略带日式风味但仍主要以印度咖喱为主的持久的穆鲁吉（Murugi）午餐，这家餐厅自1949年开业以来显然没有改变。咖喱本身是根据一个古老的“Keralan”食谱做成的，但它是日本风格的，旁边放了一团米饭（依然是日本米饭，但是有姜黄的味道），还有一点不同寻常的土豆泥和煮白菜。鸡肉在酱汁中炖7个小时，直到骨头脱落，然后把所有的东西混合在一起吃。这是一道独特而美味的菜肴，也是品尝一点鲜活的咖喱历史的难得机会。

寻味指南
Nair **ナイル** Higashi Ginza, 〒104-0061, ginza-nair.co.jp

2人份，但份量很大，所以你可以把它扩充到4人份

咖喱配方

4汤匙植物油

2个洋葱，切碎

2瓣蒜，磨碎

15克姜根，去皮磨碎

2汤匙日本或马德拉斯咖喱粉

1/2汤匙葛拉姆马萨拉香料粉

1茶匙孜然粉

400克罐装去皮李子西红柿，搅打成泥状，或纯番茄汁（筛过的西红柿泥）

2茶匙砂糖（超细）

1茶匙盐

2整条鸡腿，带骨，带皮

250毫升鸡汤

米饭配方

300克米饭

1茶匙姜黄

15克黄油

土豆配方

2个烤土豆，去皮切成块

1撮盐

1/4茶匙孜然

1/4茶匙香菜碎

1撮姜黄

2汤匙豌豆，焯烫

1/4的尖头圆形平卷心菜，粗粗地切碎

方法

把油放在一个深的隔热的、耐高温的砂锅里，用中火加热，然后加入洋葱。盖上盖子煎10～15分钟，经常搅拌，这样洋葱边煎边炒，直到洋葱变成金黄色。加入大蒜和生姜，继续加热约5分钟。加入调味料，将火调至中低档，将其搅拌至油和洋葱的混合物中。加入西红柿、糖和盐搅拌均匀，然后放入鸡腿。如有必要，加入鸡汤和足够的水覆盖鸡肉。把温度降到很低，盖上锅盖，煮7个小时（或者更少时间，这取决于你自己的判断）。您也可以在设置为120℃（250℉/气体1/4）的烤箱中进行此操作。每小时左右检查一次咖喱调味汁，以确保液体没有减少太多——鸡肉应该随时被调味汁覆盖，所以要根据需要加满水。

当咖喱菜即将上菜时，按照第26页的说明煮米饭，但在煮土豆之前先把姜黄和黄油加入锅中煮软，然后与盐、香料和豌豆一起粗捣成泥状。

就在上菜之前，把卷心菜煮几分钟，直到变软。上菜时，将米饭舀入小碗压紧，反扣脱模放在平盘子上，做成小圆顶状。把鸡肉放在米饭的一边，盖上酱汁。上面放土豆泥和卷心菜。在吃东西之前把所有的东西都混在一起。

烤猪腿

菲律宾人是日本第三大移民，人口约为30万，排名第二和第一的韩国人和中国人分别为50万和70万。然而，尽管这些社区是东京美食景观中显而易见的重要组成部分，菲律宾食物（通俗地讲是文化）却很少见。这其中有很多原因，包括日本人对菲律宾美食缺乏了解，以及许多在日菲律宾人把他们的剩余收入存起来寄给在菲律宾的家人，而不是花在餐馆上——菲律宾中央银行报告说在日本的菲律宾人每年汇回菲律宾超过10亿美元。但是即使你可能不会像吃韩国菜或者中国菜那样在东京碰巧吃到菲律宾菜，这并不意味着东京没有菲律宾菜。有几家菲律宾酒吧和餐馆提供经典菜肴，如杂烩汤，牛尾汤，以及希希格，它们散布在城市各处，但你必须花点功夫找到他们。尤其值得一提的是位于“六本木”中心的“New Nanay”。常客们尤其喜欢这家餐厅的午餐自助餐，这是一个非常划算的选择，可以一次性尝试多种菲律宾菜肴，但是点菜式的选择才是真正合适的。极力推荐酥脆的帕塔——烤过两次的猪腿。

按照传统，这个食谱要求的猪肉切片非常大，而且很难找到——基本上是从膝盖以下的腿的下半部分，像蹄髈和猪蹄是一个完整的部分。但是你可以用几乎任何一块带皮的猪肉来做这个——方法基本上是一样的。

4~6人份

1千克无骨猪皮，如腿或肩膀，或1½千克带皮、带骨肘子或蹄髈、火腿等

6片月桂叶

2汤匙全黑胡椒粉

1½茶匙盐

3～4升水（足以盖住肘、蹄）

150毫升醋

50毫升酱油

2汤匙软红糖

半个洋葱，切碎

1～2只鸟眼辣椒，切成薄片

油，根据需要

盐、胡椒粉和大蒜粉

方法

把猪肉放在一个大平底锅里，平底锅里要放上胡椒、盐和足够的水。用文火煮大约1小时，直到猪肉变软。

同时，将醋、酱油、红糖、洋葱和辣椒放入锅中，用小火搅拌加热，使糖溶解。把猪肉从蒸煮液中取出，并晾干。

烤箱预热至280℃（500℉/最大气体温度），用油、盐、胡椒粉和大蒜粉搓熟的猪肉，然后放入烤盘，转移至烤箱。再烤1小时，直到皮变成青铜色，变脆（传统意义上，这种深度烹调的油炸方式可以使皮肤变脆，但由于猪肉的关节太大，我不建议在家里吃）。在把肉从骨头上取下来切成大块之前，先稍微冷却一下。用旁边的醋汁蘸着吃。

寻味指南
New Nanay’s **ニューナナイズ** Roppongi, 〒106-0032

奶油泡芙

香草脆巧克力泡芙

在东京，法式糕点可能比传统的日式甜点更为普遍。任何一个百货公司的地下室都会有一个大的区域专门供应这些食品，许多火车站也有这样的区域，这就不可避免地与便利店实时的零食销售产生竞争。还有数不清的独立面包店，出售各种可口的蛋糕、维也纳风味和其他口味丰富的面包。不过，东京最受欢迎的糕点或许是简单的奶油泡芙：一种网球大小的空心泡芙糕点，里面填充着清凉的香草奶油，上面通常覆盖一层脆脆的“蟹壳”饼干皮。

制作8个泡芙

卡仕达奶油配方

3个蛋黄

45克白砂糖（特级）

25克海绵面粉或普通（通用）面粉，筛过的

1个香草荚，裂开并刮去种子

250毫升牛奶

200毫升打发鲜奶油

脆皮配方

85克冷黄油

100克白砂糖（特级）

100克海绵面粉或普通（通用）面粉，加上额外的用作面扑的面粉

泡芙酥面配方

50克黄油

1撮盐

120毫升水

75克海绵面粉或普通（通用）面粉

2个鸡蛋

方法

制作卡仕达奶油。把蛋黄和糖搅在一起，直到糖溶化，然后加入面粉搅打至光滑。把香草荚和牛奶放在平底锅里，用文火煮。从火中取出，逐渐搅拌到蛋黄混合物中，搅拌至光滑。回到锅里，用文火煮，不断搅拌，直到混合物变稠成糊状。盖上盖子，转移到冰箱里，完全冷却。

将奶油搅打至软峰，然后放入冷却过的卡仕达奶油中，搅拌至完全光滑。转移到装有裱花嘴的裱花袋中，并冷藏至需要使用时。

用叉子把黄油和糖捣成鹅卵石状质地，然后加入面粉用叉子搅拌成松散的面包屑状。在你的工作台面上撒一点面粉，把面包屑放在上面，然后用手轻轻地揉成一个光滑的面团，面团的稠度和模型黏土一样。用保鲜膜（塑料薄膜）包好放在冰箱里1小时。

打开面团，在两张保鲜膜或烘焙纸之间擀成3毫米厚。放回到冰箱里，完全冷却。用3厘米的切割器切下面团，然后在托盘或盘子上单层冷冻。

制作泡芙。在平底锅中融化黄油，加入盐和水。将水慢慢烧开，然后从火中取出，加入面粉搅打混合。把平底锅放回火上，用抹刀把混合物打匀，直到它稍微干一点，像土豆泥一样稠。把面团从火中取出，倒进碗里。放凉几分钟，然后用抹刀一次一个地将鸡蛋拌入面团，直到完全融入面团。转移到一个裱花袋中，并将袋的尖端切到约2厘米的开口处。

预热烤箱至180℃（350℉/气体4）。将烘焙纸在烤盘排成一行，然后用裱花袋把泡芙面糊直接挤成直径约4厘米的小块。在每一个小块上覆盖一圈冷冻的脆皮面团，然后烘烤25分钟，直到完全膨胀并呈现出丰富的金棕色。从烤箱中取出并完全冷却。将裱花卡仕达奶油袋尖端插入每一个泡芙的底部，挤入奶油馅心。可冷藏，但最好在2小时内食用。

FOUNDR

龙猫奶油泡芙

在东京，奶油泡芙最受欢迎的品牌可能是连锁店“胡子爸爸”（Beard Papa），我不得不说，它根本不值得一看——我无法告诉你它有多令人失望。相反，你可以去东京西部的“Shirohige奶油泡芙工厂”（Shirohige’s Cream Puff Factory），离“下北泽”（Shimokitazawa）不远，这个地区以时髦的二手商店和餐厅而闻名。在东京，Shirohige可能做不出最好的泡芙奶油，但是他绝对做出了最可爱的泡芙——烘焙成龙猫的形状，这是吉卜力工作室经典作品《我的邻居龙猫》中的可爱森林生物。（顺便说一下，Shirohige的意思是“白胡子”——这可能有点挖苦胡子爸爸，或者可能是指宫崎骏著名的白色鬃毛）。但是如果你不能去那里，你可以在家里再现这种体验——事实上，用泡芙糕点做出形状是非常容易的，所以要有创意，试着复制所有你最喜欢的吉卜力人物吧（如果你能拍出一部令人信服的《哈尔的移动城堡》，我会很感动的）。

制作8个泡芙

按照本书第170页，制作卡仕达泡芙奶油，但请忽略脆皮的制作。这一次，将泡芙面糊转移到两个裱花袋中；把大约1/10的混合物放在一个袋子里，装上一个2毫米（1/8英寸）的裱花嘴，把剩下的放在一个单独的袋子里，切开大约2厘米（3/4英寸）宽。

装饰用料配方

50克白色软糖卷

50克现成的棕色软糖卷（可选）

100克融化的牛奶巧克力

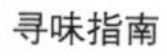

Shirohige’s 白髭のシュークリーム工房
Setagaya-Daita, 〒155-0033, shiro-hige.com

方法

预热烤箱至180℃（350℉/气体4）。在烤盘上放上烘焙纸，然后用裱花嘴把泡芙面糊从大口的裱花袋子里直接挤成直径约4厘米（1.5英寸）的小块。用小口的裱花袋挤出两个小“耳朵”。烤25分钟，直到完全膨胀，变成金黄色。从烤箱中取出，待其完全冷却，然后按照下面的配方加入卡仕达奶油。

制作装饰物时，用一把锋利的小刀剪下16个小圆圈的白色软糖做成眼睛。用勺子把融化的巧克力放入一次性的裱花袋中，剪断末端。然后，用裱花袋尖端在白色软糖圈上挤出瞳孔。另外，将棕色软糖剪成鼻子的形状，或者把融化的巧克力加到卡仕达奶油拌匀，通过挤注来制作鼻子。

“太有男子气概了！”
我在浅草寺漫步时
常发出这样的感慨
当我又踱回
仲见世街
我会寻求真实的工艺品：
武士T恤
还有一个凯蒂猫面具

那不勒斯比萨

东京是比萨之乡。尽管乍一看可能并非如此，但东京人对比萨的喜爱程度与纽约人差不多，从最正宗的意大利风格比萨到其他风格的比萨，他们无所不吃。东京的比萨从达美乐式的大规模外卖到精心制作的品种应有尽有，全世界（有时甚至包括意大利人）都注意到了。这是因为东京比萨不仅完善了他们的手艺，而且更进一步，赋予它独特的日本风格、风味和身份。例如，在希加希-阿扎布（Higashi-Azabu）的环城比萨工作室，厨师Tsubasa Tamaki用日本雪松片给他的比萨注入了一股微妙但又能唤起回忆的辣味。在神目黑的Serinkan餐厅，厨师Susumu Kakinuma开创了仅使用日本原料制作比萨的先河。在阿扎布·朱班（Azabu Juban）的Savoy餐厅，他们已经完全融合了金枪鱼生鱼片、蛋黄酱和甜玉米在比萨中。

这听起来似乎有点太过了，但实际上，这些十分疯狂的东西是日本最受欢迎的比萨之一。如果你看一下最大比萨连锁店之一的比萨L a的菜单，你会发现各种各样的配料可能会让大多数那不勒斯比萨人厌恶地吐出口水：糯米团、韩国烤肉、照烧鸡、蛋黄酱和土豆，等等。真的，这没什么错，特别是如果你把他们放在一个适当的、轻而耐嚼的、略微烧焦的那不勒斯比萨里。因此，这个配方不是传统的那不勒斯风味比萨，而是以日本的贝类为特色。

制作4个比萨

面团配方

800克“00”面粉，另加少量面粉用于作面扑

2克鲜酵母

450毫升水

20克盐

比萨上面的配料配方

400克罐装西红柿

300克奶酪，切成小块

100克鱿鱼，切成一口大小的块

100克生虾（虾），去皮去角质

100克蟹肉（白色或50/50白色和深色的蟹肉）

1/2只柠檬皮屑

红辣椒片（可选择）

16～20片罗勒叶

优质橄榄油

方法

制作面团。把面粉放在一个深碗里，在中间形成一口凹坑。把酵母溶解在水中，然后倒入凹坑中。开始将面粉和水混合，当它开始变稠时，加入盐继续搅拌直到它们混合在一起。把面团放在撒了少许面粉的平台上，揉10～15分钟。饧制10分钟，然后再揉几次。把面团捏成球状，然后分成4份。把它们揉成球状，放在一个大托盘上，用保鲜膜（或塑料膜）覆盖，放置一晚上来饧制。

把西红柿放在搅拌机里搅拌直到变成泥状，但不要太细滑。将面团擀成直径约25厘米。预热烤箱至高温，用中高热加热不粘锅（煎锅）。在烹调的时候，我把比萨底料放在热锅里，一次一个，烤大约1分钟；再把番茄酱抹在上面，让外面露出约2.5厘米的边，然后把奶酪、鱿鱼、虾和蟹肉等撒在上面。转移到烤箱的顶部烤架上，再烤2～3分钟，直到奶酪融化，外壳烤透，开始出现黑点。用少许新鲜磨碎的柠檬皮、辣椒片、罗勒叶装饰，淋入少量橄榄油。

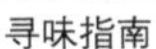

寻味指南
Pizza Studio Tamaki Akabanebashi, 〒106-0044, pst-tk2-ad.com

ンタイ
国料理専門店
BAN-THAI
RESTAURANT
3F
焼肉
まぐろ商店
B1F
熟女キャバクラ
J
4F
薄利多売半兵ヱ
DAIICHI TAKI BLD
湖南菜館
4F
3F レンタルルーム
劇場通り一番街
ANRAKUTEI
St. James
Trattoria
Pizzeria
Bar
個室ダイニング居酒屋
カラオケ
全店営業中
SEGA
ゲーム
メンズサウナ
XROSS

鶏の庭
3F
東南荘
専門店
麻雀
酒場牧場
焼鳥釜めし
1F
2F
歌舞伎町名物
お好み焼本陣
2F
OKONOMIYAKI HONJIN
焼肉
KollaBo
クアトロ
ステップ
B1
山久農場
5F
GOD
麻雀
劇場通り一番街
うまいもん屋
一番街
B1F
東京豚骨らーめん
お好み焼き
HIROSHIMA TEPPAN YAKI
B1F
190円
歌舞伎町

AT HOME

4

东京家

鱼糕

相扑大力士

晴天娃娃

N TOKYO

庭 料 理

F

香肠

営業中
カ

4F

东京家庭料理

AT HOME IN TOKYO

AT HOME IN TOKYO

狭小的空间，简单的烹调

在东京有很多很棒的外出就餐选择，以至于很多公寓都只有最简陋的厨房——或者一些根本没有厨房——尽管这座城市挤满了美味的食物，但是你可以每周去一次的普通超市却很难找到。这并不意味着东京人不会烹饪——他们只是简单而富有创造性地烹饪。一个只配备了一个双环电炉、电饭锅、微波炉或烤箱的厨房，听起来可能不是做美食的最佳设备，但许多日本菜本质上都很简单；如果你住在东京的一个小公寓里，简单就会成为你最好的朋友。这些都是你可以在一个小公寓里准备的又便宜又让人愉快，快捷而简单的食物，无论你是在东京，还是在任何你恰好在的地方！

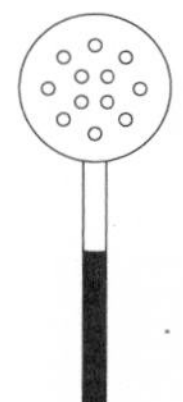

日式高汤

基本的日本肉汤

日式高汤是日本烹饪的中坚力量，虽然大多数东京人在绝大多数时间都会接触到预先包装好的材料或日式高汤粉（这是我完全赞同的捷径），但知道如何从零开始制作日式高汤总是很好的，因为它的味道更精致，而且即使在煮熟后，原料仍然有用（见日式饭团，第46页和佃煮，第109页）。这也很简单，如果你按照“一番”和“二番”（一号和二号）日式高汤的步骤去做，你就可以用很少的钱买到大量美味的自制日式高汤。

每个日式高汤制作500毫升，共计1升日式高汤

一番（一号）日式高汤

10克海带（Kombu）［约10厘米（4英寸）见方］，冲洗干净

600毫升水（最好使用软水，像富维克水或智能水——它将提供一个更完整的味道）

20g日本木鱼片

把海带放在平底锅里，倒进水里。把平底锅放在一个低火上——在一个从常温到沸点以下的温度范围内，海带最容易释放出它的味道，所以你把它放在这个范围内的时间越长，你的日式高汤就越有味道。当水刚刚开始沸腾，只有几个小气泡打破水面时，加入日本木鱼片，从高火中取出平底锅，然后静置大约15分钟。通过一个细筛，滤出日式木鱼片，以获得最大的风味。

二番（二号）日式高汤

600毫升水

一番（一号）日式高汤中使用过的海带和日式木鱼片（见下一页）

二番（二号）日式高汤不像一番（一号）日式高汤那么美味，但对于大多数只需要日式高汤作为背景调味品的菜肴来说，它仍然是很棒的——因此，举例来说，它最好用在类似寿喜烧这样以糖和酱油为主要原料的菜肴中，而不是放在一碗乌冬面中，因为一番（一号）日式高汤在其前面和中间使用。

制作二番（二号）日式高汤，把用过的海带和日式木鱼片放在有淡水的平底锅里煮沸。加热约10分钟，然后减至非常低的文火煮20分钟。关火，静置浸泡10～15分钟，然后通过细筛过滤。

或者你可以直接用粉状的东西，它好吃、易操作、便宜，许多人都会选择这么做。

鯖削
1kg ¥2,380
500g ¥1,190
各税込
手を入れないで下さい
松
かつおぶし 松村

日式早餐

每次去日本回来后，很长时间我都想要吃一顿日式早餐。这种诉求并不会持久，但并不是因为它很难。这是因为当提到早餐时，我有点像一只老鼠或其他食腐动物一样——纯粹的机会主义，乐于吃任何可以吃的东西（醒醒，只是冷的达美乐），但也乐于不吃任何东西。传统的日本早餐，像日本午餐或晚餐，是一个令人愉快的多菜盛宴，当你在酒店或日式旅馆（传统旅馆）享用它时很容易接受，但是如果你不得不自己动手做的话，就有点令人生畏了。但是提前做一点计划的话是非常容易的——只要在一周开始的时候准备好手头上的不同食材，很快你就可以开启完全日式的一天了。

制作足够5人份的早餐

5汤匙味噌

1½茶匙日式高汤粉

2茶匙白芝麻

1根香葱（大葱），切成葱花

15克裙带菜

300～350克丝豆腐

250克米饭

三文鱼片3片，等份切成5份

盐适量

5个鸡蛋

5份纳豆（可选）

1片海苔，切成10条

日本泡菜

方法

首先，做你自己的速溶味噌汤：把味噌、日式高汤粉、芝麻、葱和裙带菜混合在一起。把豆腐切成1厘米的方块。把味噌汤和豆腐分开放在冰箱里。

按照第27页的说明煮米饭，然后冷却。分成5等份，用保鲜膜（塑料膜）紧紧包好，放入冰箱冷藏。

在三文鱼中加入适量的盐调味，让它吸收调味品至少1小时——过夜效果更好。用高温烧烤至熟透。

将鸡蛋煮至半熟或温泉蛋。半熟有点介于软煮和硬煮之间，中间主要是黏糊糊的，但有一点点凝固的蛋黄。我制作完美的半熟鸡蛋的方法是：用中号的鸡蛋，把一锅水烧开，然后小心地放入鸡蛋，并设置一个6分30秒的计时器（对于大鸡蛋，煮6分50秒）。当计时器结束时，取出鸡蛋，并将其转移到冷水中停止加热。最后放在冰箱里直到需要用的时候。

对于温泉式鸡蛋的制作，使用水浴或浸入式循环器将水加热至64℃（147℉）（也可以使用可以仔细观察的平底锅和温度计）。将鸡蛋煮1小时，然后取出冷却。

上菜时，把米饭放在微波炉里加热。放进碗里，如果用的话，放上纳豆。将一勺味噌汤放入碗中，加入150毫升开水，搅拌，然后加入豆腐。鸡蛋、三文鱼、海苔和泡菜分开上桌。

基本便当

你会把什么装在一个普通的午饭盒里？一个三明治，毫无疑问。一个苹果或香蕉，也许一些葡萄。胡萝卜条？一包薯片？自制燕麦能量棒？啊，来吧，让我们全力以赴，再把奥利奥扔进去！人生只有一次。

这种标准的午餐盒没有什么问题。但这并不像是一顿正餐——你不会真的想在晚餐时吃这些东西。然而在日本，便当占据了主导地位。便当是一种午餐盒，但是它们不会低于你想从一顿丰盛的日本晚餐中得到的味道、多样性和呈现方式——它们只是同一种食物的缩小、整齐包装的版本：鱼、肉、蔬菜、米饭。这使得他们比大多数午餐更令人满意，也更值得期待。

便当几乎可以包含你晚餐吃的任何东西，因此它们的种类是无穷无尽的。许多都是某个地方特有的——如果你在东京以外旅行，试着从你去的任何地方找一个便当（火车站便当），即使你只是路过。这些包含当地特色菜，是尝试新的地方菜肴的绝佳途径。还有特别的节日便当，一些最令人印象深刻的出现在新年的庆祝活动中，包括各种精致的美食，如水煮虎虾，腌鲱鱼籽，炖鸡肉和根茎蔬菜，蜜饯黑豆和栗子。但是，即使是最基本的便当也是一件可爱的事情——它的色泽和风味是最华丽的三明治所无法比拟的。这个食谱就是用来做这种基本的便当的，如果它有个名字的话，那就是“Makunouchi”，意思是“幕之内”——它们最初是作为一种清淡的食物，在冗长的能乐（noh）或歌舞伎表演的间歇时享用。

制作5人份便当（足够一个工作周享用）

300克米饭

500毫升日式高汤

2汤匙酱油

1汤匙味醂

1汤匙（精）白砂糖

1/4茶匙盐

10朵嫩西蓝花，切成2.5厘米块

1个胡萝卜，去皮切成1厘米厚的圆形块

120克去壳的日本毛豆

8个鸡蛋

1汤匙油

6根法兰克福香肠

5颗酸梅

100克胡萝卜腌渍菜（P198）或者日本泡菜，例如萝卜干和腌萝卜这样的渍物

2个三文鱼片，按照187页说明烹调，分成5部分

几撮黑、白芝麻

方法

按照第27页的说明煮米饭。分成5等份，用保鲜膜（塑料薄膜）包紧，冷藏。

把日式高汤、酱油、味醂、糖和盐用文火烧开。将西蓝花、胡萝卜和毛豆放入汤中煮约5分钟，直到变软。用开槽勺取出并冷却。保留原汤。

将鸡蛋用80毫升的日式高汤打匀。在一个不粘锅中用中高火加热油。用勺子舀一些鸡蛋混合物到锅里——足够覆盖表面，就像一个薄薄的烤盘。加热到鸡蛋刚刚凝固，然后用小铲子把鸡蛋从自己身边往外卷起，就像多层煎蛋一样。再往平底锅里加入一勺鸡蛋混合物，这次把鸡蛋向自己身边方向卷起。重复上述步骤，直到所有鸡蛋混合物做完，然后将鸡蛋卷冷却，切成10个大小、厚度一致的片。

把法兰克福香肠切成两半，然后将半根香肠再顺长切成8个楔子条，在长度的一半停下来，形成章鱼状，这样它们就有了一个“头”和八个小“臂”。煮或烤制法兰克福香肠直到他们的“手臂”张开。

把米饭放在盒子的一边，在中间放上一个酸梅。把腌菜、三文鱼、鸡蛋和炖蔬菜放在盒子的另一边。米饭用黑芝麻装饰，蔬菜用白芝麻装饰。

オケランド
OPEN
24H
カラオケ
たばこ
たばこ
カラオケ

衣裳小道具
Today
Today
HONDA

蛋包饭

在调味米饭上面放上一个煎蛋卷

蛋包饭将我最喜欢的三种舒适食品组合成一道美味的菜：鸡蛋、炒饭和番茄酱。它是如此简单却又如此令人满意，一个完美的蛋白质、脂肪和碳水化合物的组合，如此便宜且容易制作，但如此美丽，实际上我一想到它就有点泪眼汪汪。蛋包饭是一道菜，上面写着“我想让你感到饱腹和满足，我想让你获得足够的热量，让你长得又大又壮，我想让你的脸上挂上微笑，因为我爱你”。东京有餐馆（可能还有家庭厨师）已经应用了主厨技术来提炼蛋包饭，做煎蛋饼就是这么做，上桌的时候带着半冰沙司之类的东西，但真正的蛋包饭不需要精心烹调或用精细的餐饮装饰，就可以使它美味；事实上，对我来说，这才是蛋包饭的全部意义。几乎每个人都能做到，而且即使是最基本的，它也永远是美味的。

制作1个大的蛋包饭
足够1个饥饿的人，
或2个不怎么饥饿的人
或2个饥饿人士，加上吃其他东西，比如味噌汤
还有沙拉什么的

30克黄油

1个小红葱头或小洋葱，切丁

60克香菇，去梗切丁

鸡腿1个，去骨去皮，切成1厘米块（可选）

300克米饭（来自150克生米；冷藏过的米饭，放在冰箱里最好）

番茄酱，根据口味，上桌时再加1份

酱油，根据口味调整

盐和胡椒粉，根据口味调整

3个鸡蛋，用1汤匙双（浓）奶油搅拌（可选）

方法

在平底煎锅（煎锅）中用中火融化一半黄油，然后把红葱头或洋葱炒至半透明。加入香菇和鸡肉（如果用的话），炒至蘑菇软化，鸡肉熟透。加入米饭，打碎所有团块，拌入番茄酱、酱油、盐和胡椒粉。

同时，将剩下的黄油放入不粘锅（煎锅）中用中火融化，然后倒入打匀的鸡蛋液，加入少许盐调味。煎鸡蛋直到底部变硬，但是上面仍未凝固，然后轻轻地把鸡蛋折叠起来，这样水分就在中间了。把炒好的米饭舀进盘子里，然后把煎蛋卷放在米饭上面。如果你喜欢，可以加更多的番茄酱。

菠菜
日式菠菜小食

凉拌芝麻碎菠菜

凉拌芝麻菠菜必须是有史以来排名前5位的日本小菜，你很容易明白其中的原因：它很容易做，很便宜，很好吃，而且很健康！老实说，为什么人们对拉面和寿司这样的东西如此着迷？！应该有一个米其林一星凉拌芝麻菠菜店。

下方配方会做出很多凉拌芝麻菠菜，所以如果你喜欢的话，可以把配方减半。这些东西可以在冰箱里保存几天，也可以在便当里搭配得很好，所以手边有一些是方便的。

制作8份小菜

4汤匙白芝麻，烤至熟且呈深金棕色，然后冷却

2汤匙清酒

2汤匙酱油

1汤匙味醂

1汤匙（精）白砂糖

1/4茶匙芝麻油

1/4茶匙米醋

800克新鲜菠菜，洗净

方法

用研钵和研杵或香料研磨机将芝麻磨成粗糙的沙质粉末。在另一个碗里，把清酒、酱油、味醂、糖、芝麻油和醋搅拌在一起，直到糖溶解。准备一大锅开水，一个大碗或容器装满冰水。菠菜用水焯1分钟，直到菠菜变软，呈深绿色，然后取出，浸入冰水中使之彻底晾凉。取出沥干，轻轻地挤出多余的水分。

把沥干、挤干的菠菜与酱汁和一半磨碎的芝麻混合拌匀。食用时，将剩下的芝麻撒在上面。

塔拉科
意大利细面条

鳕鱼籽意大利细面条

意大利人经常用磨碎的金枪鱼鱼籽，或是干的鲻鱼籽，来给意大利面添加一种强烈而微妙的鱼腥味和大量的鲜味。日本的同类产品是由塔拉科（Tarako）或鳕鱼籽制成的面酱。塔拉科意大利面酱通常是小包出售的，你只需在热的意大利面上搅拌一下，就可以做出一顿又快又美味的饭菜，但这也很容易做出来。如果你喜欢的话，你可以用韩国辣椒来做麻辣的塔拉科（Tarako）。

2人份

30克黄油，融化的

70克新鲜鳕鱼籽（或青鳕、黑线鳕或类似），仅限鱼籽，去除外膜的

4汤匙单（淡）奶油

1汤匙酱油

1/2茶匙日式高汤粉

200～250克意大利细面条

几撮海苔丝

方法

将黄油、鱼籽、奶油、酱油和日式高汤粉放入一个大碗中拌匀。将意大利面煮至有嚼劲，然后沥干，但不要沥干得太彻底——你需要一点意大利面水来帮助黏合酱汁。将热的意大利细面条倒入碗中，加入酱料拌匀。在每一份面条上撒上一些海苔丝。

黄瓜和裙带菜
腌海鲜杂菜（Sunomono）

新鲜醋沙拉

“Sunomono”的意思是“醋一类东西”，就像胡萝卜和萝卜腌渍菜（198页）一样，它是一种沙拉，但也是一种泡菜。也许是腌菜沙拉？我想没什么大不了的。重要的是它特别清爽，特别适合搭配油性鱼类。

制作4小份沙拉或8份迷你沙拉

25克裙带菜

1根黄瓜

1大撮盐

100毫升米醋

25克（精）白砂糖

15克姜块，去皮，切成细丝

几片柠檬、酸橙或柚子皮（可选）

方法

将裙带菜放入冷水中涨发约30分钟，然后沥干水分。把黄瓜切成尽可能薄的片（如果有的话可以用蔬果刨），然后用盐按摩黄瓜，静置20分钟使黄瓜嫩化。把黄瓜放在流动的冷水下冲洗，挤出多余的水分。同时，将醋、糖、生姜和柑橘皮（如果使用的话）混合搅拌，直到糖溶解。将黄瓜和裙带菜拌入醋汁中。你可以马上上桌，但是在冰箱里放上几个小时后可能会更美味，因为蔬菜可以吸收调味汁。

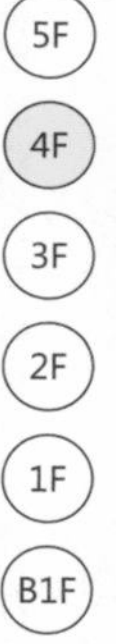

茶泡饭

茶渍鱼饭

茶泡饭是一种日本家庭烹饪的主食，但你也会在传统的日本餐馆里遇到精致的版本。米饭通常是日本料理的最后一道菜，通常是传统怀石料理的最后一道菜，还有味噌汤，之后通常是绿茶，让人感到清爽和满足，就像所有东西都被顺利消化了一样。茶泡饭是将米饭、汤和茶三者融为一体。当你感觉身体不适的时候，这种感觉特别好，因为它既让人精神振奋又让人感到舒服。

4人份

200克米饭

500毫升日式高汤

1汤匙松散的绿茶叶或2个绿茶袋（我喜欢喝玄米茶，但任何茶都可以）

1汤匙味醂

海盐，根据口味调整

150克鱼肉，切成小块（任何鱼都可以，不过最好还是来点美味的，比如鲈鱼、鲷鱼、三文鱼或金枪鱼）

2茶匙芝麻

12克樱花虾（小虾干）（可选）

4茶匙小米饼或者碎仙贝（煎饼）

1.5片海苔，切成细条（或几小撮海苔末）

方法

按照第26页的说明煮饭。把高汤、茶和味醂放在小火上煮，然后用筛子过滤。你可以根据自己喜欢的口味调味（它不应该是咸的，但是你需要一点来增加日式高汤的味道，并且抑制茶叶中潜在的苦味）。食用时，将米饭放入碗中，上面撒上生鱼片、芝麻、樱花虾（如果需要的话）、小米饼和海苔。在上桌之前，把热的日式高汤和茶的混合物倒在鱼片上面，确保鱼片在此过程中被轻度浸泡受热。

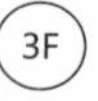

胡萝卜和白萝卜腌渍菜

淡腌色拉

这道简单的菜是一种色拉和一种泡菜，也许最常见的是在特殊的新年便当里——红色和白色被认为是吉祥的颜色，日本的种植者甚至专门为这种场合生产特殊的血红色胡萝卜。但我想橙色已经足够接近了。这是一个超级清爽和超级容易的小配菜，可以在家里的任何午餐盒里搭配或作为一道肉类晚餐的配菜。

制作8份迷你便当配菜

或作为4份小配菜

12厘米白萝卜，去皮

1大胡萝卜（100～120克），去皮

10克海带（约10厘米正方形），涨发后的或日式高汤制作剩余的（第184页）

1撮盐

1汤匙白砂糖（特级）

3汤匙米醋

几条柚子皮或柠檬皮

方法

把白萝卜和胡萝卜切成大约1厘米宽、2毫米厚的细条。把海带切成很细的丝。将海带与蔬菜混合，撒上盐并揉搓均匀，然后静置20分钟，使之嫩化。

同时，将糖、醋和柚子（柠檬）皮搅在一起。从蔬菜中挤出多余的液体，然后将蔬菜放入醋汁中。根据需要品尝并添加盐，这样可以直接享用。但最好在冰箱里冷藏1小时后，再用调味汁拌匀。

三文鱼碎肉炒饭

日本超市经常出售三文鱼或其他大鱼，因为足智多谋的家庭厨师知道，在附着在骨头和皮肤上的鱼肉碎片中可以找到很好的味道。你可能会惊讶于从三文鱼上能得到多少美味的、有用的肉，虽然这显然不等同于吃一个大的、肉质丰富的烤鱼片或整齐的生鱼片，但你仍然可以用它来做很多事情：把它塞进饭团里，用来制作奶油意大利面酱，加入茶泡饭（197页）里或味噌汤里，或者用在炒饭里——这是我最喜欢的！三文鱼的碎肉残渣含有丰富的香味和脂肪，可以覆盖每一粒米饭，所以每一口都充满了三文鱼的美味（顺便说一句，这是与基托皮罗炒饭的完美结合，第140页）。

4人份

1条小三文鱼鱼骨（你可以用自己清洗过的鱼，也可以问你的鱼贩——通常他们会免费给你三文鱼鱼骨）

1汤匙油

1个洋葱，切丁

1根胡萝卜，去皮切丁

4个鸡蛋

4根葱，切成1厘米（1/2英寸）的块

150克豌豆（冷冻即可）

500克煮好的米饭（250克未煮熟大米）；如果可能的话，冷冻过夜

2汤匙酱油

1汤匙清酒

1汤匙味醂

1/2汤匙芝麻油

1/2茶匙日式高汤粉

白胡椒粉，酌量

40克三文鱼籽（可选）

方法

尽可能多地从三文鱼鱼骨上刮去肉和脂肪——我发现用小勺子做这个最容易。你可能会得到比你所需要的更多的肉，所以省下多余的肉，把它煮熟，然后像你使用罐装金枪鱼一样方便。

在煎锅（平底锅）中用中火加热油，加入洋葱和胡萝卜，煮至略软。加入三文鱼碎肉，煮几分钟，逼出一些脂肪。将鸡蛋放入锅中炒熟，然后加入葱、豌豆、米饭、酱油、清酒、味醂、芝麻油、日式高汤粉和白胡椒粉。把所有的米饭都翻炒混合，确保你在上桌的时候把大块的米饭都搅碎。盛在碗里，上面放上三文鱼籽。

院通
傳法院通
傳法院通
傳法院通
傳法院通
傳法院通

どぜう
飯田屋

照烧豆腐
还有羊栖菜馅饼

油炸豆腐

这些小豆腐“汉堡”的变化在日本随处可见——有时出现在餐馆菜单上，有时出现在家庭厨房，也经常出现在便当里。羊栖菜和香菇有一种极好的、浓烈的、肉类的味道，所以可以利用这些食材赋予豆腐以肉的口感和味道。而且很容易做，是素食做法！喔，素食主义者！

制作12个馅饼

5个干香菇
10克羊栖菜海草干
200毫升热水
4汤匙酱油
2汤匙味醂
2汤匙清酒
2汤匙砂糖（特级）
1汤匙番茄酱
1/2汤匙玉米粉（玉米淀粉），与一点冷水混合
400克硬绵豆腐
40克日式面包糠或更多（视需要而定）
2瓣蒜，切细碎
15克姜根，去皮擦成细末
1个小胡萝卜，去皮后擦碎
2根香葱（大葱）或韭菜，细切成薄片
1汤匙白芝麻
1撮盐和白胡椒粉
油，用于浅炸（至少2汤匙）

方法

在热水中放上香菇和羊栖菜，盖上盖，让其涨发20～30分钟。当香菇完全涨发并变软时，将其沥干并挤出水分，保留香菇水。把香菇切碎。

将酱油、味醂、清酒、糖、番茄酱和2汤匙的香菇水混合在一个小平底锅中。烧开，然后加入玉米粉浆。煮沸几分钟使其变稠，不断搅拌，然后从火中取出。

用手或叉子把豆腐压成小块。加入香菇、羊栖菜、面包糠、蒜、姜、胡萝卜、大葱或韭菜、芝麻、盐和白胡椒粉拌匀，将豆腐捣成糊状。放5分钟左右，让面包糠吸收混合物中的液体——它应该形成一种厚的、湿润的、像面团一样的稠度。如果混合物太湿，再加点面包糠。将混合物制成12个小馅饼，直径7厘米，1.5厘米厚。

在煎锅（平底锅）底部倒上一层厚厚的油，然后放在大火上加热。将馅饼煎至两面呈深棕色，然后取出并转移到烤盘上，可在每一块馅饼上放上一匙照烧酱汁，然后在高火上烤几分钟，使馅饼表面形成焦糖色的釉面（如果你有多余的酱汁，可以放在一边蘸着吃）。主餐配沙拉、米饭和味噌汤，或放在冰箱里做便当（这些都是美味的冷菜）。

鱿鱼圈天妇罗

你是怎么让海鲜恐惧症患者吃鱿鱼的？当然用炸的方式。鱿鱼一直是酒吧小吃的最爱，但如果加上天妇罗的处理，它就更好了——又轻又脆，吃起来像爆米花一样容易。你可以在东京的家庭厨房和居酒屋里找到这些食物，它们是清酒或啤酒的很好伴侣。

制作一大份，当然够4人份
也许够8人份

200克普通（通用）面粉
100克玉米粉（玉米淀粉）
1汤匙青海苔
1/4茶匙盐
1个鸡蛋
400毫升非常冷的起泡水
600克鱿鱼圈
约1.5升油炸
1个柠檬，等分切成4份
125克蛋黄酱

方法

在非常宽的、深底的平底锅中将食用油加热至190℃（375℉）。如果你没有温度计，只需在油里滴几滴面糊就可以了。如果面糊沉了，就太冷了。如果面糊立即浮起来发出嗞嗞声，那就太热了。如果面糊刚好下沉在油的表面，然后上升并开始嘶嘶作响，那应该是刚刚好。

将面粉、青海苔和盐混合在一起，确保面粉混合均匀，否则面糊很难混合。把鸡蛋打匀，然后与起泡的水混合。将干的混合物加入湿的混合物中，搅拌直到面糊达到厚奶油的稠度——它应该还是有点结块。把面糊用筷子搅匀是个好主意，这样面粉中的面筋就不会起太大作用了。

把鱿鱼圈放进面糊里搅拌裹匀，让一些多余的面糊滴下来，然后小心地把它们逐个放进热油里炸。炸至深黄色且稍稍变硬即可（你可以用筷子或火钳翻动的时候感觉一下）。你可能不得不一批一批地做，在这种情况下，你可以在炸好的时候把它们吃掉，然后再回去炸一些。沥油后再用纸巾吸干油分，然后马上上桌，或者把它们放在60～70℃（140～160℉/气体1/4）的烤箱里保持温度，或者尽可能低一些，把烤箱门稍微打开，让水分散发出去。配以柠檬角和蛋黄酱食用。

明治肉饼

炸面包肉饼

由于它们是以碎肉（绞碎）为主料的，明治肉饼是最便宜的炸肉排之一，因此在学生、家庭、蓝领、白领中都非常受欢迎。它们有点像汉堡，有点像肉丸，但可能比两者都好，因为它们经过面包糠裹附和油炸的过程。面包糠蛋壳能锁住大量的肉汁，当你咬它们的时候，肉汁就会喷涌而出。

你还需要一个探针温度计。

制作8个明治肉饼

汉堡肉排配方

50克面包糠

2个蛋黄

4汤匙双（重）奶油

250克碎牛肉

250克碎猪肉

1根韭菜，切丁

50克香菇，去柄切碎

1小撮新磨碎的肉豆蔻（可选）

盐和黑胡椒粉

1把新鲜欧芹，切碎

用于烹饪准备

油炸用油

60克普通（通用）面粉

2个鸡蛋，加水或牛奶搅拌

80克面包糠

猪排酱或番茄酱

方法

制作汉堡肉排时，将面包糠、蛋黄和奶油混合在一起，浸泡直到面包糠吸收了液体变得柔软。混合牛肉、猪肉、韭菜、香菇、肉豆蔻（如果选用）、盐、黑胡椒粉和欧芹，充分混合，搅拌上劲。将混合物做成8个球，然后用双手来回拍打几次（这样有助于使馅饼更加致密和排出空气，从而减少煎炸时爆开的可能性）。把每个球压成2厘米厚的肉饼。

将油加热到160℃（320℉）。在面粉中拌入每一块肉饼，然后是粘上鸡蛋液，最后裹上面包糠。炸大约8分钟，或者如果你喜欢中间有一点点粉红色，时间可以少一点。与米饭、大量的猪排酱或番茄酱一起食用。

微波日式茶碗蒸

清蒸日式高汤蛋奶杯

茶碗蒸是一小杯美味的蛋羹，上面镶嵌着美味的“珠宝”，比如鸡肉、对虾（河虾）、蘑菇或白果。我爱它们，但我曾经鄙视过它们。第一次不是在大东京，而是在“小东京”，事实上是在洛杉矶时，我去日本餐馆，或多或少随机点餐，一部分是为了尝试新东西，另一部分是因为我不知道到底是什么东西。我第一次吃茶碗蒸是作为一顿套餐的一部分，它几乎让我大发雷霆——我完全没有准备好吃一些感觉像法兰绒但尝起来像鱼的东西。嘿，现在有个主意：鱼蛋糊！标签写着食物潮流2019等。

我不知道是怎么做到的，但是我最终克服了我的厌恶，但是现在茶碗蒸是我最喜欢的日本传统菜肴之一。它们总是看起来像是在家里做不出来的东西，因为它需要一个大的蒸笼，但是我从我婆婆那里得知，你可以用微波炉做。改变游戏规则——尤其如果是你的家庭厨房，像东京的许多厨房一样，空间和烹饪设备有限。微波茶碗蒸的质地和蒸制的一样细腻，但要容易得多。这是一道超级小菜，几乎可以和任何传统的日本菜搭配。

制作4份茶碗蒸

2个鸡蛋

360毫升日式高汤

1茶匙酱油

1/2茶匙盐

1只烤鸡腿或水煮鸡大腿，切成8小块

2个香菇，去柄，切成薄片

5厘米胡萝卜，去皮，切成约2毫米（1/8英寸）厚

4只生对虾（河虾），去皮去虾肠

60克去壳毛豆或8颗甜豌豆，切半

4片鸭儿芹或欧芹叶（可选）

方法

将鸡蛋、日式高汤、酱油和盐一起搅拌直到非常光滑。将2片鸡肉，几片香菇和胡萝卜，1只对虾，和一些豆子或者豌豆放在4个耐热的有盖茶碗或者模具的底部。将鸡蛋混合物倒入每个容器中。如果你的碗有盖子，就盖上；如果你用的是模具，就用保鲜膜（塑料包装）把它们表面封起来。

把茶碗或模子放在微波炉安全的托盘或碟子里，倒入大约2.5厘米深的沸水。将它置于微波炉中，高火烹饪1～5分钟——这完全取决于微波炉，所以从1分钟开始，检查它们，然后继续烹饪15秒，直到鸡蛋刚刚凝固。过度烹饪会导致像炒鸡蛋或鸡蛋汤这样的东西，这不是那么糟糕，但这不是我们想要的。

鸡蛋凝固后，用鸭儿芹或欧芹装饰，稍冷却后上桌。

猪肉豆瓣酱炒莲藕

东京的一些菜既有异国情调的餐厅菜肴，也有单调乏味的家常菜肴，这些都取决于具体情况。这种莲藕炒菜可以说是上好的中国菜，也可以作为学校的午餐，这取决于是谁做的，里面放了什么。东京的美食趋势变化如此之快，你甚至可以看到食物在几年内从新奇的餐厅菜肴变成家庭主食。我想这道菜是以四川烹饪为基础的，而四川烹饪属于中国菜的菜系。由于中国食材和菜谱的可用性和日益流行，四川风格的菜肴现在已经进入了任何一个东京家庭厨师的掌握之中。它的主要调味品是特别受欢迎的豆瓣酱，一种发酵的四川蚕豆和辣椒酱，尝起来有点像时髦的、辛辣的咸味噌。

4人份

2汤匙植物油
1个洋葱，切成薄片
250克碎猪肉
60克豆瓣酱
300克莲藕，洗净去皮，然后切半，切成3毫米（1/8英寸）厚的半圆（你可以用冷冻莲藕）
1个青椒，切成1厘米长的条
15克生姜，去皮切丝
2瓣蒜，切成薄片
2汤匙清酒
1汤匙（精）白砂糖
1/2汤匙玉米粉（玉米淀粉），混合2汤匙水
1/2茶匙白芝麻，烤至深金黄色

方法

用炒锅或平底锅（平底煎锅）加热油，加入洋葱炒至金黄色，加入猪肉末炒至金黄色，搅散不留大块。加入豆瓣酱、莲藕、胡椒粉、姜和葱，继续翻炒，直到莲藕刚刚变软——仍然很脆，但不会发出嘎吱嘎吱的响声。加入清酒和白糖，然后把玉米粉浆搅拌均匀。再煮几分钟，直到酱汁变稠并覆盖在蔬菜上。撒上芝麻，与米饭一起搭配食用。

札幌
みそ

效率高超的速食拉面

速食拉面：不是正宗的食物。从营养学的角度来说，你看到的是高脂肪、盐水中的面粉，也许还有一些冷冻干燥的蔬菜。这很好！有时候从一杯面条中就可以得到你需要的味精和碳水化合物。但事实上，基本的速食拉面提供了一个极好的平台，在这个平台上可以打造出真正美味的东西；即使是劣质的速食拉面味道也不错，但它缺乏真正拉面的口感、质地和味道。幸运的是，这些东西很容易准备和添加佐料，把这种简陋的小吃变成令人满意的一餐。

1人份

1个鸡蛋

2汤匙酱油（可选）

1汤匙味醂（可选）

一些新鲜的绿色蔬菜，如菠菜或切碎的卷心菜，和/或豆芽

1杯/碗/包速食拉面

一些美味的动植物油：猪油、培根油、芝麻油、辣椒油、黄油、鸡油等（可选）

一些腌制的东西如竹笋、日本姜、腌芥菜、泡菜

几片烤猪肉、火腿或鸡肉（可选）

1根香葱（大葱），切成葱花

方法

将一锅水煮滚开，小心地放入鸡蛋，煮6.5分钟。取出鸡蛋，放入一碗冷水中，待其完全冷却（如果开始升温，则换一次或两次水），剥下鸡蛋壳，如果你有足够的时间，将其浸泡在酱油和味醂中至少1小时。将青菜放入沸水中烫至刚嫩，然后按照包装上的说明准备即食拉面。如果你喜欢的话，可以用脂肪（如果选用的话）、鸡蛋、蔬菜、泡菜、肉和葱来装饰拉面。

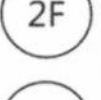

新鲜豆腐从零做

从零开始

在东京生活的乐趣之一是找到当地所有的小商店，这些商店专门出售某些往往是日常用品制成的食物，如泡菜、糖果或新鲜面包。但也许我最喜欢在街坊商店买的东西是刚刚做好的成型豆腐。制作它需要努力，这是值得的，因为几乎不凝固、温热的豆腐味道非常棒。

制作大概900克（2磅）的豆腐

你需要一些器具：

一个搅拌机

一个大锅——应至少6升

如果你有一个，4升就够了

一个大容器（约4升）

一个滤锅、穿孔托盘或豆腐压榨机

一个适合放入滤锅或者托盘的平板、盖子或木板

一个漏勺（或另一个较小的漏勺）

一把铲子

筛子

薄纱（粗棉布）

又大又重的东西，比如砖头或者泡菜罐子

300克干大豆

3.5升外加180毫升水，加上浸泡用的水

8克盐

18克盐卤（豆腐凝固剂盐）或泻盐

方法

将豆子浸泡在大约3倍量的水中。他们至少需要浸泡8小时，所以过夜是最好的。沥干豆子，然后将3½升的水放入搅拌机里，加入适量豆子，搅打成泥状。但必须分批进行，并且要注意混合物会起很多泡沫，所以不要把搅拌机装到超过2/3。让混合物尽可能搅打平滑——让它们混合搅打至少1分钟。最后把豆泥与额外的水一起放到锅里。这就是你做的豆浆。

把豆浆用文火慢炖——不要煮沸！如果你的豆浆沸腾了，它不会影响你的豆腐的成果，但它几乎肯定会煮沸溢出。如果你是一个食品科学极客，你就应该知道大豆卵磷脂是一个优秀的发泡剂。所以，除非你的锅真的很大，否则不要让豆浆沸腾，这样你会有很多事情要做。慢炖豆奶大约20分钟，这是为了煮出豆子的蛋白质，豆奶的香味会从淀粉质的、青草味的、生的绿豆味道变成甜的、蛋糕糊状的味道。

把滤器和薄纱放在一起，放在一个大容器上。用勺子舀或倒入豆浆。当浸泡速度慢下来时，用刮刀把它刮干净。最终你会得到一个纤维性的豆浆。继续按压这些残渣来提取豆浆，或者，如果不是太热的话，把细布包裹起来，像挤海绵一样将豆浆挤出来。由此产生的干物质叫作豆渣。它实际上非常有用，而且非常健康，含有大量的纤维和蛋白质。把它保存起来，放到烘焙食品中，或者用它来勾芡酱汁和调料。将过滤后的豆浆倒回锅中，加入盐。把盐卤搅拌到180毫升水中，直到它完全溶解，然后把这个盐卤溶液加入豆浆中搅拌几次，然后静置5分钟让蛋白质凝固。

同时，准备你的压榨机：你可以使用滤锅或穿孔托盘，或者更好的是，使用豆腐压榨机。这是一个相当神秘的工具，但是，如果你喜欢豆腐并且计划大量生产它，它是无价之宝。我的是在易趣（eBay）上买的。用薄纱铺好，放在另一个容器上，当乳清滴出来的时候就可以接住它。用开槽勺子或小漏勺舀出凝固的豆浆。倾斜并轻轻摇动勺子排出多余的液体，然后把凝乳放入压榨机。继续这样做，直到你已经分离所有凝乳。当小球变得太小时，就用筛子过滤。

这时，你可以把凝乳沥干，舀一些凝乳放在盘子里，然后加上一点酱油或者酱油露和芝麻，享受一下仍然温暖的食物。这是一个人所能拥有的最好的、最飘渺的豆腐经历之一。

但是如果你想要更硬的豆腐，或者你想留着以后吃，就用一个盘子或盖子或者上面有重物的板把豆腐压住，这样所有多余的水分都被挤出去。等1小时左右，这时你的豆腐应该足够坚固，可以从压榨机上取下来切片。如果你想让它更结实，就把它放在压榨机上再等1小时。把做好的豆腐盖住，放在冰箱里冷藏最多4天。

早上五点：
随太阳升起参观
筑地市场！

举起的白手套，
和蔼的微笑和口哨声提醒：
“请不要来访！”

好吧——我们还可以
吃些美味的寿司

TOKYO

MODERN

东京

5F

京城的日本传统美食

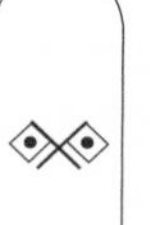
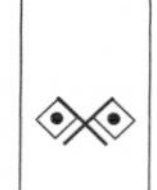

TOKYO MODERN

TOKYO MODERN

日本并不总是不符合自己的形象。例如，京都经常被描绘成前现代日本的遗留物，一个古雅的城市，有宁静的茶馆、美丽的寺庙、精致的食物和优雅的艺妓。但京都的大部分地方根本不是这样。这是一个有150万人口的大城市，又臭又脏又拥挤。夏天的天气潮湿多雨，有些地方甚至出人意料地破旧不堪，而有些地方则显得非常乏味，旅游人数也越来越多。我一面这样陈述，也有另外的人喜欢京都。只是没有达到心理预期。

东京正好相反。东京不仅没有辜负而且大大超出了人们的期望。我知道东京会是超现代的，但我真的不知道它们在哪里会有如此现代。我预期会有很多明亮的灯光、拱廊、自动售货机和很酷的火车——东京的交通非常便利，还有世界上最令人印象深刻的厕所、疯狂的街头时装、咖啡馆，在那里你可以和猫头鹰、水獭和机器人（真正的机器人）一起玩。这真是难以置信。当然，还有一些厨师和调酒师也为东京的超现代化做出了贡献，他们往往将来自世界各地的新思想与日本自身的历史和文化巧妙地结合在一起。

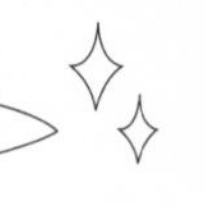

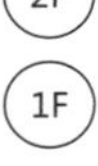

酸梅马提尼

东京最现代的一些食物实际上是液态的。鸡尾酒文化在东京一直是一个大事情，在过去几十年里，一种令人愉快的趋势已经出现，调酒师创造的鸡尾酒具有制作寿司同样水平的精确细节，结合全球现代主义鸡尾酒运动产生的新技术和技巧。其中很多都很难在家里进行复制，但是有一种简单、优雅、不同寻常的新东京鸡尾酒你可以尝试，这就是酸梅马提尼。这是一种经典的变化了的马提尼，这种令人振奋的鸡尾酒结合了酸梅的浓烈咸酸味和清爽的经典马提尼的基调。

制作1杯鸡尾酒

25毫升（2汤匙）杜松子酒
25毫升（2汤匙）伏特加
10毫升（2茶匙）梅酒
10毫升（2茶匙）利莱玫瑰葡萄酒（或干味美思）
5毫升（1茶匙）甜苦艾酒
2颗酸梅
冰块

方法

把所有的酒混合在一个摇酒器里，再加上一颗酸梅，然后用木匙压破碎后混合。加入冰块，摇动一分钟直到摇酒器外表面起霜。把另一颗酸梅放在一个非常冰镇的鸡尾酒杯里，然后把鸡尾酒滤入酒杯中。

番茄鸡尾酒

山本真一（Gen Yamamoto）是东京最独特的鸡尾酒吧之一，以其导演兼酒保的名字命名。该酒吧运用怀石料理的特点，展示其高品质的季节性产品，制作精美的鸡尾酒，作为精选菜单供应。这些菜单经常变化，而且总是要标明产品的来源：可能是北海道的土豆，或者群马县的玉米，或者山梨县的桃子。其结果是华丽的鸡尾酒，完美地捕捉了特色产品的精髓。他最著名的一些创作是基于西红柿，用新鲜和成熟的形式来表达它们甜、酸水果的一面和它们深邃、丰富、鲜味的一面。显然，我不知道它的确切配方是什么，但这是一个相当不错的近似山本风格的番茄鸡尾酒。

制作1杯鸡尾酒

2个中等大小的西红柿（每个50～60克），选择当季的西红柿，严格来说是最好的
1片紫苏叶，纵向切成两半；或2片罗勒叶
60毫升优质米烧酒
碎冰
大冰块

方法

将每个西红柿中摘去果蒂，将其中一个切成两半，将切好的西红柿放在设定为100℃（212℉）或尽可能低的烤箱中，烘烤约3小时，直至枯萎和浓缩。将西红柿切碎，放入一个有半片紫苏叶或1片罗勒叶的摇壶中，用木匙捣匀，加入米烧酒和一把碎冰，摇匀。在一个大冰块上用细筛滤入玻璃杯或长笛杯中。最后用另一半的紫苏叶，或一个勒叶装饰（如果选用的话）。

寻味指南

Gen Yamamoto
Azabu Juban, 〒106-0045, genyamamoto.jp

−25℃莫吉托

一些时髦的东京鸡尾酒吧已经开始供应冷冻鸡尾酒——但不像你在加勒比海度假村可能会发现的那种水果味的荧光鸡尾酒。这些都是正宗的鸡尾酒，用上好的烈酒和调酒器精心调制，简单地冷冻（由于某种原因，宣传的温度总是在−25℃/−13℉），所以它们令人振奋地清爽，但是它们的味道在你口中由于温暖而开花，并在味蕾上完美地绽放。在东京，许多经典的鸡尾酒（或纯烈酒）都有这种处理方法，但我最喜欢的可能是莫吉托鸡尾酒——冷冻后的柠檬和薄荷，在东京寒冷和下蒙蒙雨的夜晚是一款完美的兴奋剂，或者在东京炎热和闷热的日子里是一款完美的提神饮料。

制作10杯小鸡尾酒

放在冰箱里

40～50片新鲜薄荷叶

4个酸橙，切成楔形

5汤匙德麦拉拉蔗糖

400毫升优质朗姆酒

碎冰

方法

用手拍打薄荷叶释放香味，然后放入加有酸橙和糖的摇酒器中，用木匙捣制直到酸橙粉碎，然后加入朗姆酒继续捣至糖溶解，加入一把碎冰摇几分钟，然后过滤。倒入一个瓶子，转移到冰箱，直到非常、非常冷（大多数冰箱不会降到−25℃，但不要担心，它只是必须非常冷），最后装入50毫升到小冰杯中。

寻味指南
Bar Kokage **バーコカゲ** Akasaka-Mitsuke, 〒107-0052

在三越百货
我花了几个小时研究
绝妙的食物

我吃了水果、寿司、
饺子，还有炸猪排
然后，我需要休息

柚子腌橄榄

我喜欢过简朴生活，当我旅行的时候，我一般都很乐意只吃街头食物和潜水酒吧。天哪，在东京我也许可以一直吃拉面。不过，即使是我，也时不时地喜欢有点品位的感觉，那就是我该去新宿柏悦酒店52楼纽约酒吧的时候了。影迷们早就知道这个标志性的酒吧是因为比尔·默里和斯嘉丽·约翰森在这里喝着鸡尾酒，偷偷地调情，试图抑制他们可怜的资产阶级的倦怠。为什么这么情绪化，伙计们？坐下来，享受流畅的爵士乐，欣赏绝美的景色，品尝价值2000日元的精致鸡尾酒，享受一些经典的酒吧小吃，这一切都有着微妙的日本风味，比如这些简单美味的柚子腌橄榄。

2汤匙柚子汁

1汤匙优质橄榄油

1/4茶匙柚子胡椒酱，或者切碎的柚子皮（可选）

200克高质量的橄榄［我喜欢卡拉马塔（kalamata）或者诺塞拉拉（Nocellara）的产品］

方法

将柚子汁、橄榄油和柚子胡椒酱或柚子皮搅拌均匀。将橄榄和这种混合物一起搅拌，放入冰箱腌制至少1小时。享受爵士乐和一杯马提尼吧。

寻味指南
New York Bar Shinjuku, 〒160-0023, tokyo.park.hyatt.co.jp

“丹德基（Dentacky）”炸鸡

炸酿馅鸡翅

东京最著名的年轻厨师之一是长谷川在佑（Zaiyu Hasegawa），自2007年以来，他一直用经典怀石料理风格的幽默和创意取悦顾客。虽然他的一些菜肴是以相当传统的方式制作和呈现的，但其他一些菜肴则以各种新奇的方式颠覆了人们的期望。例如，他的鹅肝酱“蒙纳卡”（monaka）——一种通常含有恣恣铜锣烧的大米薄片三明治，里面藏着丰富的肝冻糕、番石榴蜜饯和白味噌。但也许他最著名，最引人注目的作品是他的“丹德基（Dentacky）”炸鸡，这是包装在一个纸板肯德基风格的盒子，里面有精致的酥脆炸鸡翅，经过小心翼翼的去骨处理，并填充了令人惊讶的香味食材，其中包括红米饭、牛蒡、莲藕、腰果和枸杞。这些小小的鸡肉快乐包含的复杂程序，其他厨师可能会选用更正式或官方的方式来呈现，所以用餐者不得不感激他们花费的时间和技巧。但在丹（Den）餐厅，情况并非如此，在那里，肯德基的介绍让整个体验变得更轻松、更有趣，有点像在圣诞节早晨打开礼物（实际上，在圣诞节吃肯德基显然是长谷川家族珍视的传统）。怀石料理经常像宗教一样虔诚进行练习，虽然它很少缺乏美感，但它几乎从来没有像丹（Den）餐厅那样有趣。

长谷川经常更换填充鸡翅的馅料，有时候是基于其他日本经典菜肴的味道，所以我在鸡翅中加入了我最喜欢的食物之一：饺子。

你需要一个探头温度计来测量这个鸡翅中心的温度。

制作16个鸡翅，足够8个人在丹（Den）餐厅食用，或2个普通人食用

寻味指南
Den 傳 Gaiemmae，〒150-0001，jimbochoden.com

［16只鸡翅、中翅和翼尖（如果你买不到这样的鸡翅，就整只买下来，把第一节鸡根切掉，存起来做另一个食谱）］

100克香菇，去柄切粒

2片大白菜叶，切碎

60克竹笋，切粒

20克大蒜，切碎或磨碎

15克姜根，去皮并磨碎

1/4茶匙芝麻油

1/4茶匙松露油

10克鸡油或猪油

1/2茶匙盐

1/4茶匙白胡椒粉

250克碎猪肉

1个蛋清

1汤匙酱油

100克马铃薯淀粉

油炸用油

方法

用小刀小心地把鸡中翅里面的骨头脱下来。要做到这一点，可以将刀沿着骨头的一端插入，然后用前后割断和刮擦的动作轻轻地在骨头周围操作。当骨头从肉上分开时，用一块干净的布抓住骨头，弄断关节，然后用力将整块骨头拉出，在翅膀上形成一个口袋。

把香菇、白菜、竹笋、大蒜、姜和油脂与盐、胡椒粉一起炒，直到香菇软化，白菜失去大部分水分，开始变色。关火待凉，拌入猪肉，做成馅心。在每个去骨的鸡翅膀里塞入一小团馅心，然后用鸡尾酒棒（牙签）将末端密封起来。同时用鸡尾酒棒或者锋利小刀的尖端在鸡翅的两侧各刺一个小洞。

将油加热到180℃（350℉）。将鸡蛋清与酱油一起打发，刷在鸡翅表面，确保鸡翅表面均匀涂满。将刷好的鸡翅浸入土豆淀粉中，然后煎炸约6分钟，直到内部温度至少达到75℃（170℉），呈金黄色。沥干后再用纸巾吸干油分，在上桌前稍微冷却一下。

四季风格的草莓鹅肝

2008年，我和我的女朋友（现在是妻子）劳拉一起去了东京，去见她的父母。作为一个年轻酒鬼，我在这个世界上最伟大的城市里度过了一段美好的时光。劳拉的父母都是谦虚的人，但是当他们旅行的时候，他们尽力做好。尤其是我的岳母惠美子，她在一些她能找到的最好的餐厅订了桌子，并且似乎计划了剩下的旅行。幸运的是，我们陪着她和岳父去了好几个地方。在那次旅行中，我们吃得相当不错，但我记得最深情的一餐是在帝国饭店的Les Saisons法国餐厅，是由弗兰克·劳埃德·赖特特别设计的餐厅。这位厨师曾经是（现在仍然是）蒂埃里·沃伊辛，一位颇有造诣的法国厨师，他的菜肴建立在新式烹饪的坚实基础之上，但是用足够的现代化食材点缀后的菜肴真是令人叹服。最令人惊叹的是我点的一道用草莓和25年意大利香醋做成的焦鹅肝。说实话，我点这道菜的时候，它听起来并没有那么美味——我点这道菜主要是因为我以前从来没有真正吃过鹅肝，除了在香港的一家餐馆吃过冻糕。但是，这却给我带来了人生中最深刻的烹饪冲击之一。

鹅肝是我以前从未尝过的东西。这就像是在吃软化的黄油，或者是一种温热的浓奶油蛋奶冻，裹在炭化的完全坚硬的表皮里；它是坚硬的、有组织的，但是它融化在我的舌头上的方式让人联想到瑞士牛奶巧克力。味道深不可测：丝般柔顺、醇厚、脂肪的甜味冲刷了肝脏固有的土味。伴随着醋的味道和熟草莓的甜味，这道菜实现了完美平衡，而且非常好吃。

事实上，它几乎让我哭泣。我相信那是第一次让我有这种感觉的食物。

寻味指南
Les Saisons Hibiya, 〒100-8558, imperialhotel.co.jp

2人份

1片去皮的白面包
20克融化的黄油
30克（精）白砂糖
1汤匙水
60毫升优质红酒醋
1汤匙红酒，单宁含量不要太多
1/4个香草荚里的种子
6个优质草莓，分成4份
油适量
160克速冻鹅肝
盐和黑胡椒粉
几滴非常非常陈年的意大利香醋
几枝新鲜的山萝卜樱

方法

预热烤箱至150℃（300℉/气体1）。把面包擀成宽而薄的薄片，厚约2毫米。把面包片切成两半，一半切成两片，两边刷上融化的黄油，另一半丢掉不用。将刷油的每片面包用两个7厘米的环状模具固定起来，烘烤约20分钟，直到面包变成金黄色。冷却后小心地将每个烤面包圈从模具上滑下。

把糖和水放在平底锅里煮开。用中火加热，直到糖变成金黄色的焦糖，然后加入红酒醋。煮至焦糖溶解，再加入红酒及香草籽。煮几分钟，直到变成一种稀薄的糖浆。加入草莓，简单烹煮至变软，但不要太软。

在一个不粘锅（煎锅）中用高温加热油。将鹅肝放入油中，每面煎几分钟，这样鹅肝就会呈现出漂亮的颜色，但是鹅肝的内部不会融化。在装盘前将鹅肝放在厨房布上稍作静置，然后用盐和黑胡椒粉调味。上桌时，用勺子将草莓和一些草莓酱舀到盘子里。把烤面包圈放在盘子上，鹅肝放在烤面包圈内。点缀几滴意大利香醋，在鹅肝上放几枝新鲜的山萝卜樱。

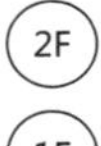
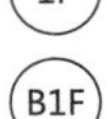

龙吟风格
稻草烤鸽

东京最精致（也最昂贵）的餐厅之一是龙吟（Ryugin）餐厅，由大厨山本征治（Seiji Yamamoto）担任总厨。山本征治因对食品科学的浓厚兴趣和戏剧表演技巧，曾被称为日本的赫斯顿·布卢门撒尔（Heston Blumenthal）。你可能听说过他的一些更古怪的方法，例如使用日本雕版印刷设备直接在盘子上用可食用的鱿鱼墨汁复制一份餐馆的报纸评论，或者送一条哈莫鳗鱼去做CT扫描，这样他和他的厨师就能更准确地将这种众所周知多骨而难啃的鱼加工成鱼片。但是这些不同寻常的技巧并不仅仅是为了表演，最终上桌的是完美的烹饪和完美呈现的怀石料理。他还因使用未充分利用的日本原料（包括野味）而闻名。他的特点之一是用稻草烤野鸭或鸽子做菜，实际上比看起来要复杂得多。他的菜使用了这种鸟的每一部分，煞费苦心地分解和精心烹饪，制作出点燃的鸽子肉饼和鸽子沙拉来配烤鸽冠。我不指望任何人能在家里做出这道菜——我当然不能——但是他如何烹制鸽子，以获得酥脆的表皮、完美的内在质感和一丝质朴的烟雾，实际上是可行的（如果你有时间和雄心的话）。

你需要一个探头温度计来测量这个菜肴的中心温度。

2人份

2个木鸽、青鸭、野鸭或类似品种的皇冠

1升有很高烟点的植物油，如菜籽油或向日葵油

盐和白胡椒粉

1把质量好的木炭

1把稻草

方法

小心地把鸽冠上的羽毛或绒毛去掉。用喷灯轻轻地把皮肤烧灼成棕色，去掉任何残留的细小绒毛，然后用吹风机彻底吹干鸽子的表面。在一个大的、宽的深锅或油炸锅中将油加热到230℃（445℉）。用金属筛或过滤网把每只鸽子放在油的表面。小心地将油舀到鸽子顶部淋油8～10次，每次舀油之间暂停片刻，让皮肤稍微冷却和干燥，直到它绷紧，呈青铜色。让鸽子冷却，让油温降到55℃（130℉）。把油保持在那个温度，放入鸽子，让它们在油里浸泡40分钟。取出并沥干油分，用纸巾吸干表面，待其完全冷却。把鸽脯从骨头上取下来，穿到叉子上。用盐和白胡椒粉给鸽脯调味（不是皮肤）。

把木炭加热到白热，放在两排砖块之间，这些砖块应该高出木炭顶部25厘米。把一些稻草扔在煤块上，把鸽子串放在稻草上面的砖块上。将烤架的鸽脯皮面朝下烤几分钟，直到它变成深棕色。在一个有盖子的金属容器一端放入更多的稻草，然后加入一小块热木炭。把鸽脯放在容器里，远离热源的另一端，盖上盖子。烟熏10分钟后去除鸽脯。静置片刻，然后切片上桌。

寻味指南
Ryugin 日本料理龍吟 Hibiya, 〒100-0006, nihonryori-ryugin.com

粗糙的鸡肝酱

东京的许多烤鸡肉串厨师正在将卑微的鸟类烧烤艺术带入鸡肉工艺的新领域，但他们通常以微妙而不华丽的方式制作。他们不再使用科学的技术或者奇怪的花样，而是专注于如何最好地寻找和准备他们工作中需要的所有东西：最好的木炭，如何加热木炭，如何在烹饪过程中制造和控制烟雾，寻找最好品质的鸟类，并精心加工它们。然而，时不时地你会遇到一些你在普通的烤鸡肉串连锁店根本找不到的东西。其中之一就是鸡肝酱，如今在东京的一些现代烤鸡肉串菜单上可以找到，尽管它仍然相当新奇，但是这些菜肴与典型的欧式菜肴有所不同，那就是它们通常都是微温状态下端上来的，味道相当可口，保持了新鲜烤肝的入口即化口感。不同的烤鸡肉串店有不同的配料，但是我一直认为鸡肝和日本李子的果味是最完美的搭配。

4人份

2个梅子，去核后切碎

2个成熟的李子，去核、去皮、切碎

60毫升梅酒

40克鸭油（或更好的，鸡油，如果你有一些的话）

2个香蕉葱，切成细丁

盐和胡椒粉

2汤匙清酒

400克去皮鸡肝

山椒和海盐

1/2根法式长棍面包，切片烘烤

方法

把梅子、李子和梅酒放入沙司锅中煮沸。煮至果酱状稠度，然后冷却。在平底煎锅（长柄煎锅）里融化油脂，加入葱、盐和胡椒粉。用中火煮至软而略呈棕色，然后加入清酒煮至完全沸腾。把鸡肝穿到烤肉串上，然后在中等热度的煤上烧烤，加入少量木片，烤10分钟左右，直到鸡肝表面冒烟，烧焦，但中间仍是粉红色。趁热把肝脏切成块状，放入葱和鸭油裹匀。将鸡肝做成块状或者肉圆状，加一点山椒和海盐装饰。与烤法棍面包和李子酱一起搭配食用。

寻味指南
Imai 今井 Gaiemmae, 〒150-0001, yakitoriimai.jp

柠檬清汤拉面

东京味道的创新不仅局限于顶层酒店的鸡尾酒吧或米其林星级餐厅，恰恰相反，东京各个阶层的厨师都在不断尝试，不断创造出新的经典。拉面是一道经常被摆弄和折腾的菜肴，在东京的拉面市场上总是有新鲜的东西可以尝试。有时nu拉面的选择只是噱头，但更多的时候他们是认真地尝试完善某种口味或体验。我最喜欢的东京拉面最近的一个趋势是加入柑橘类，由当地拉面连锁店“阿夫利”（Afuri）推广，这里清淡清澈的肉汤中充满了柚子的清香。其他商店也做过类似的事情，把柚子换成其他的柑橘，比如德岛酸橘或者臭橙，但是我认为老柠檬效果很好。许多人在外出吃拉面时，都倾向于选择口感丰富而刺激的食物，但是我很高兴发现拉面也可以让人感到舒缓和微妙。这就是拉面的美妙之处——它可以是你想要的任何东西。

4人份

清汤配方

1.8升水

100克鸡爪

3个鸡架

6个鸡翅（整个翅膀，不是部分）

1个洋葱，切4块

100克生姜，去皮切片

10克海带（约10厘米见方），冲洗干净

20克日本木鱼片

1个柠檬，切成薄片（你需要8片）

准备

2汤匙高质量的味醂

2汤匙海盐，或多或少，以适合口味

2个去骨去皮鸡腿

4份细拉面（最好是新鲜的）

50克水菜或类似的新鲜绿叶蔬菜，切碎

1根葱，切成葱花

一些黑胡椒粉

1片紫菜，切成4个矩形片

方法

做肉汤时，把水、鸡爪、鸡架、鸡翅、洋葱和生姜放入一个大高汤锅或砂锅中混合。用中火逐渐加热至沸腾，当浮渣开始起泡时撇去表面的浮渣。炖大约半个小时，或者直到没有新的浮渣上升到顶部，不断地撇去。

同时，预热烤箱到120℃（250℉/气体1/4）。如果需要的话，加满水覆盖骨头，然后盖上盖子或锡箔纸放入烤箱。在烤箱里炖4个小时。去骨，把肉汤过细筛。加入海带、日式木鱼片和4片柠檬片，浸泡1小时。再次过筛和测量——你将需要1.4升的肉汤总量，所以注满水很需要。完全冷却，然后去除肉汤表面的固化脂肪并保留。用勺子舀出肉汤（它应该是清澈的），转移到一个单独的容器，留下任何杂物。

上桌时，把肉汤煮沸，加入味醂和海盐。按照你的喜好品尝和调味。将鸡腿烧烤，或者放入炖肉汤中煮15分钟，直到熟透，然后冷却，切成适合筷子夹取的条状。

准备一个装满开水的大平底锅。在一个小平底锅中融化肉汤中的脂肪。根据包装说明，用沸水煮面条，确保面条有好的口感。沥干水分。将肉汤均匀分配到4个碗中，然后将面条放入肉汤中。在每个碗上面放一片柠檬，一些切片的鸡腿肉，最后撒上葱花和一点黑胡椒粉。将紫菜片放在每个碗的一边，稍微浸入肉汤中。

寻味指南
Afuri Multiple locations, afuri.com

成泽餐厅（Narisawa）“苔藓”黄油森林面包

成泽由浩（Yoshihiro Narisawa）在中欧各地的高端厨房接受了多年培训，2003年回到日本，在青山开了自己的同名餐厅。从那时起，它就一直被称为不仅是东京最好的餐厅之一，而且是世界上最好的餐厅之一。原因很明显。成泽的烹饪取得一个优雅的平衡，强烈和微妙，日本和欧洲，古典和现代，但始终高度集中在高品质的产品。虽然成泽的大部分菜肴都是简单呈现的，但他并不回避桌边的表演，他在一道通常没有大张旗鼓呈现的菜肴中使用了或许最为醒目的一种搭配：面包和黄油。成泽的“森林面包”首先以生面团的形式送到餐桌上，面团放在一个小蜡烛上方的玻璃杯中。随着菜单的推进，蜡烛发出的热量证明了面团的质量，直到面团在玻璃杯的上方发酵，准备烘烤。服务员将面团取出，做成小面团，然后放在两块木板之间的热石碗里，放在餐桌上烘烤。这种面包加入了柚子皮和其他树叶，给面包带来了一种新鲜的木香味，面包上涂有脱水橄榄酱和叶绿素，看起来像苔藓。整个过程几乎就像是一出三幕戏的小剧——烘焙、烹饪和食用，把无聊的面包课程变成了戏剧性的、令人兴奋的东西。

用4块黄油制作4个面包卷

150克优质黑橄榄，去核后粗略切碎

80克优质无盐黄油

1茶匙（精）白砂糖

1茶匙干酵母

120毫升温水

120克高筋面粉

80克栗子粉，另加一些用于做面扑

1个青柚子皮，磨碎

切碎的两小枝椒芽叶

1/2茶匙盐

大约10克菠菜粉

一些小的平叶欧芹

方法

粗略地切碎黑橄榄，放入烤箱中，调到60℃（140℉），烤6个小时左右，直到橄榄变稠。用研钵和研杵或食品加工机把橄榄捣成糊状。把黄油分成4个小的石头形状的土堆，放在冰箱里直到冷却。在黄油表面涂上橄榄酱，制成少许橄榄黄油。放入冰箱冷藏直至可供食用。

把糖、酵母和温水搅拌在一起，直到糖和酵母溶解。把面粉、柚子皮、椒芽和盐混合在一个碗里或者一个立式搅拌器里。加入酵母混合物搅拌均匀。然后揉几次，如果你在工作台面上揉面，撒上一点额外的栗子粉（面团会很松很黏）。把面团放在一个玻璃碗里，静置发酵。当面团的大小增加一倍并且气泡很多时，就可以开始烘焙了。把面团分成4个等大小的面包卷。

将一个石碗放入一个非常热的烤箱中加热1个小时，直到碗变得非常热。取出碗，放在一块木板上。将面包卷放入碗中，顶部放入另一块木板。放入热石碗中烘烤12～15分钟。或者你可以把烤箱加热到200℃（400℉/气体6），然后把面包卷放在托盘上烤同样长的时间。同时，从冰箱里取出橄榄黄油。将滚烫的面包放在盘子里，一边放上橄榄黄油，在其上撒一些菠菜粉可以达到“苔藓”效果，在每个苔藓黄油堆的顶部放几片欧芹叶子。

寻味指南
Narisawa Aoyama Itchome, 〒107-0062, narisawa-yoshihiro.com

词汇表

如果你在日本以外的地方烹饪这些食谱，你很可能不会在附近找到一个百货商场地下室超市来购买配料。不过没关系，因为现在日本的食材出奇地容易买到。大多数日本食品，包括酱油、味噌、清酒、味醂、米醋和米饭，现在都可以在大多数大型超市买到。除此之外，我建议你在网上购物。在互联网上，从亚马逊（Amazon）、易趣（eBay）等知名超级零售商，或者从小型独立企业，都可以买到大量日本食材，而且送货费往往比你想象的要低——有时还是免费的。你甚至可以在网上订购生鱼片级的鱼，然后把它放在一个装满干冰的凉爽盒子里送货。这真是太神奇了！所以即使你离最近的日本食品供应商很远，日本料理仍然在你的掌握之中。

互联网万岁。

青海苔
绿色海藻片

日本姜
红色腌渍的姜

便当
日式盒饭

康比尼
引以为豪的日本
便利店

大康
大白萝卜

日式高汤
日本肉汤，由干海带和熏金枪鱼片制成

德帕奇卡（depachika）
日本百货公司地下室食品超市

豆瓣酱
四川辣椒豆瓣，东京常见的中国调料

江户
东京

金针菇
小的，长的，薄的蘑菇

杏鲍菇
大而多肉的牡蛎蘑菇

饭味素
一种米饭调味料

苦椒酱
朝鲜辣椒酱

饺子
日本锅贴、饺子

羊栖菜
有坚果味的海藻，通常是干海藻

三文鱼籽
盐腌三文鱼籽

煎海鼠
干沙丁鱼（也叫作沙丁鱼干）

居酒屋
提供一系列饮用小吃的日本酒吧

日本南瓜（kabocha）
非常甜的，橘红色的日本南瓜

臭橙
一种小而辛辣的日本酸橙状水果

怀石料理
传统的日本高档多道菜套餐

蒲鉾
鱼糕

日本木鱼干
烟熏金枪鱼干

丘比蛋黄酱
一种特别美味的日本蛋黄酱

泡菜
辣味发酵韩国卷心菜

小久池
浓酱油

曲
日本霉菌用于发酵酱油、清酒等。

海带（kombu）
干海带

魔芋
低热量，高纤维，胶状淀粉冻

笋干
腌竹笋，普通的拉面配料

鸭儿芹
甘美的日本香草

椒芽
日本胡椒树的芳香的幼叶

海苔丝
海苔丝

水菜
淡绿叶蔬菜，属于芥末科

糯米团
有嚼劲的捣碎的年糕

茗荷
姜科芳香的可食用花

腌渍菜
非常轻的醋腌泡菜

旋涡鱼板
螺旋鱼饼

纳豆
黏性发酵大豆

饰物
寿司配料

沙丁鱼干
干沙丁鱼［也叫作“伊里科”（iriko）］

韭菜（nira）
韭菜

海苔
干海苔片

大阪烧酱汁
甜味的日本褐色酱汁，通常用于烧烤

日式薄饼
日本风味煎饼，馅料丰富

蛋包饭
上面覆盖着煎蛋的调味米饭

饭团
日本饭团

潘克
日本粗面包糠

柑橘醋
柑橘类调味料

拉面
肉汤小麦面条

弹珠汽水
日式柠檬水

樱花虾
小虾干（虾）
山椒
四川辣椒的一个日本品种，带有柠檬香味

七味粉
富含辣椒粉和其他六种香料

塩烧
用盐腌过的鱼，然后烤

紫苏
胡椒味、阔叶的日本草本植物

烧酒
日本蒸馏酒

酱油
日本酱油

索巴（荞麦面）
荞麦面

素面
非常细的面条

德岛酸橘
一种日本酸橙

寿喜烧
甜酱牛肉蔬菜火锅

日本酱油
非常浓郁的酱油，通常不加小麦

塔拉科
鳕鱼卵

老抽
上色的酱油、酱汁

塔塔基（半烤鲣鱼）
煎过的肉或鱼，中间还是生的

托比科
飞鱼籽

猪排
带面包屑的炸猪肉排

猪排酱
日本褐色沙司，通常与炸面包糠猪排一起食用

汁物
猪肉汤

鸡肉丸
碎肉饼或肉丸，通常用鸡肉制作

酱油露
调味的、浓缩的露滴

乌冬面
粗面条

酸梅
很酸，很咸的腌梅子

生抽
稀的、浅色酱油

裙带菜
多叶海藻，通常卖干制的

和食
传统日本料理

日式西餐
受西方影响的日本食品

致谢

这本书是真正的合作典范。如果没有我的经纪人霍莉·阿诺德（Holly Arnold）和我的出版商凯特·波拉德（Kate Pollard）的巨大努力，这个项目根本就不会存在，他们一起工作的时候非常出色。我们的经纪人和出版商凯特·波拉德（Kate Pollard）轻松高效地协调了整个项目；我们的摄影师纳西玛·罗萨克（Nassima Rothacker）在雨中拖着沉重的设备，在东京9月32℃的高温和90%的湿度下拍摄了一些真正令人惊叹的照片（更不用说她在工作室里拍摄的美丽照片）；我们的设计师埃维·奥（Evi o），以其他设计师无法企及的方式，将东京的混乱带出了秩序；哈迪·格朗特（Hardie Grant）的编辑和营销团队，他们把这个项目塑造成了一个华丽的出版艺术作品。当然，我必须感谢我的家人对我的爱和鼓励，尤其是我的妻子劳拉，她甚至让我乘飞机去日本写这本书，同时独自照顾我们五个月大的婴儿。最后，感谢我的猫，巴鲁，在这个充满不确定性和压力的世界里，你是一个永远平静的存在——除了那次你被困在甲板下面。

作者简介

蒂姆·安德森（Tim Anderson）是日本灵魂食品南板（Nanban）餐厅的行政总厨兼老板，该餐厅位于布里克斯顿（Brixton）。他还是主厨冠军。英国BBC广播公司第四频道《厨房橱柜》（*The Kitchen Cabinet*）的定期撰稿人，*Japan Easy*和*Nanban : Japanese Soul Food*的作者。他对日本食物的喜爱始于他十几岁时第一次看《钢铁厨师》（*Iron Chef*），18岁时，他搬到洛杉矶学习日本历史，随后又去福冈度了2年的工作假期，这种喜爱演变成了一种痴迷。目前，他与妻子劳拉、女儿蒂格和5岁的公猫巴鲁居住在伦敦南部的莱维沙姆。

SAYO

沙扬

NARA

原书名：TOKYO STORIES
原作者名：Tim Anderson

Published in 2019 by HARDIE GRANT BOOKS

著作权合同登记号：图字：01－2020－5312

图书在版编目（CIP）数据

东京美食故事／（英）蒂姆·安德森著；李祥睿，陈洪华译. --北京：中国纺织出版社有限公司，2021.8
书名原文:TOKYO STORIES
ISBN 978－7－5180－8494－4
Ⅰ.①东… Ⅱ.①蒂… ②李… ③陈… Ⅲ.①食谱—日本 Ⅳ.①TS972.183.13

中国版本图书馆 CIP 数据核字(2021)第 070288 号

责任编辑:韩　婧　　责任校对:江思飞　　责任印制:储志伟

中国纺织出版社有限公司出版发行
地址:北京市朝阳区百子湾东里 A407 号楼　邮政编码:100124
销售电话:010—67004422　传真:010—87155801
http://www.c-textilep.com
中国纺织出版社天猫旗舰店
官方微博 http://weibo.com/2119887771
北京华联印刷有限公司印刷　各地新华书店经销
2021 年 8 月第 1 版第 1 次印刷
开本:787×1092　1/16　印张:15.5
字数:260 千字　定价:128.00 元